不畏将来
不念过去

顾锦妍 ◎ 著

江西美术出版社
JIANGXI FINE ARTS PUBLISHING HOUSE

图书在版编目（CIP）数据

不畏将来，不念过去 / 顾锦妍著 . -- 南昌：江西
美术出版社，2017.7（2018.12 重印）
ISBN 978-7-5480-4328-7

Ⅰ.①不… Ⅱ.①顾… Ⅲ.①女性－情感－通俗读物
Ⅳ.① B842.6-49

中国版本图书馆 CIP 数据核字（2017）第 033453 号

出 品 人：汤 华
企 　 划：江西美术出版社北京分社（北京江美长风文化传播有限公司）
策 　 划：北京兴盛乐书刊发行有限责任公司
责任编辑：王国栋 宗丽珍 康紫苏 刘霄汉 朱鲁巍
版式设计：刘 艳
责任印制：谭 勋

不畏将来，不念过去

作 者：顾锦妍

出 　 版：江西美术出版社
社 　 址：南昌市子安路 66 号江美大厦
网 　 址：http://www.jxfinearts.com
电子信箱：jxms@jxfinearts.com
电 　 话：010-82293750 　 0791-86566124
邮 　 编：330025
经 　 销：全国新华书店
印 　 刷：北京柯蓝博泰印务有限公司
版 　 次：2017 年 7 月第 1 版
印 　 次：2018 年 12 月第 2 次印刷
开 　 本：880mm×1280mm 1/32
印 　 张：7
ＩＳＢＮ：978-7-5480-4328-7
定 　 价：26.80 元

我们有的是时间，遇见更好的人

我认识很多姑娘，每每被来自父母的压力逼得喘不过气，被"为你好"这三个字压在关切的五行山下，心里也被套上了紧箍咒。所以我总感觉我很幸运，因为家庭一旦不给压力，就已经是莫大的支持。

这种支持，让我能够从容。这般从容，是让我越来越心安的基础。

偶尔也看偶像剧，也曾被灰姑娘终遇替她砍掉满途荆棘的温柔帅气多金男，并与之走上红毯的剧情而勾引得心动神驰。但关掉播放器，真实的世界里，我明白，我不需要王子，也不需要骑士。

我知道在浩瀚宇宙广漠世界里，一个人有多么渺小，多么微尘。但在陪伴自己生活的这段时间里，我充分明白了一件事——只要我爱我自己，只要我的人生是我想要的，那么世界就是最美好的样子。

我就是我自己的骑士，我所拥有的技能点就是我的白马，我驾驭着它们在人世间披荆斩棘，走出让我自己圆满的路。

而在所领略过的千色风景里，如若恰好遇见了那个他，那就是最好的爱情。

曾经有不止一个人问过我，你害怕过孤独终老吗？渴望有爱人嘘寒问暖吗？感觉到过寂寞吗？难道没有怕过日渐增长的年龄会降低自身的吸引力和竞争力吗？

说实话，一开始，我和每一个到了适婚年龄却茫然四顾、两手空空的女生一样，惶恐过，担忧过，惊惧过。我甚至还去相过一次可以拿来当作半世谈资的亲。

但罗宾·威廉姆斯说过这样一句话——"我曾以为生命中最糟糕的事就是孤独终老，其实不是。最糟糕的是与让你感到孤独的人一起终老。"

这句话，像一把利剑劈开我曾经混沌迷茫的心，让我明白了即使担忧惶恐，但仍然坚持着不妥协的理由是什么。

人生这件事，其实本质就很孤独，每个人都一样，出生后的终点也只有一个，即使途中风景不同，到底必须殊途同归。

所以，何必等待别人来拯救你的人生孤旅？日子过得如何，你的心是否真的幸福，只有自己能回答，也只有自己能保证。

我知道，每一个认真爱过的姑娘，心里都带着伤。有些伤口，甚至终生都无法痊愈。

人生就是会让我们受伤失望，这和你是不是美貌、温柔、善良、多金没有什么关系，因为人生就是这样设置的。

但行过的荆棘丛中开出的花朵，就是疼痛的意义。

那些疼痛会成就坚强。成为伤口的过往，一定也有着幸福的形状。

所以，要做的其实只是下个决心，然后温柔地、认真地、清晰地、努力地，长成让自己心生欢喜的样子。

有一天，南瓜马车会自动驶来，水晶鞋会有适合你的尺码，霸道总裁会俯下身为你挽裙。

岁月绵长，有的是时间让你遇见更好的人。

而即使运气真的不够好，你没有遇见那个他，也必然能够，遇见更好的自己。

我想，对只有一次的人生而言，这件事，才是最最最重要的。你觉得呢？

目录
MU LU

PART 1

我知道你会来，所以我等

你会在谁的记忆里，被珍藏；

谁又在谁的回忆里，被深爱。

在这世上，一定会有这样一个人

这个世界上，一定会有一个人看得到你的珍贵，懂得你的苦楚，心疼你的不堪，想要和你分享他所见的一切美景。

周明去找谢青的时候，房东太太正气势汹汹地站在谢青的客厅里，把谢青出差回来后还没来得及打开的行李箱里的衣服一件一件向门外扔，一边吼："交清三个月的欠租，马上滚出去！"

谢青站在角落，看着她的动作，心里是麻木的。她只觉得世界已经灰暗到了极点，无力反抗，也不想再思考。

然后房东太太手一扬扔出了她粉红色的小背心，它最终落在了周明的头上。

　　那场景实在过于后现代，谢青忍不住大笑起来。笑着笑着，她蹲下来，抱住自己，痛哭了起来。

　　等谢青再也哭不出眼泪，天已经黑了，房东太太也已经走了。如龙卷风之后一般的房间里，周明正在试图把散落的衣服叠好放回行李箱里。

　　谢青说，曹俊走了。

　　周明没说话，继续收拾着一地狼藉。

　　谢青又说，曹俊还欠你多少钱？

　　周明仍旧没有说话。也没停下动作。

　　不管他欠你多少钱，你也看到了，我现在真的是没办法还给你。我给你写张欠条吧。

　　周明说，不用，我也没指望他还。

　　谢青说，钱我会还给你的。现在，你走吧。不要再出现了。

　　因为，谢青也很快就要走了。

　　曹俊是谢青的男朋友。他在一家投资公司工作。收入不算低，至少比谢青在法律事务所当助理的收入高。

　　但他排场非常大，买衣服必须得有档次，手机永远是最新款，分期付款买了一辆宝马，租住在市中心最有档次的小区里，没有资产只有负资产。谢青和他在一起后，顺理成章地负担了房租和他养车的费用。

曹俊也曾充满感激地说，谢青，你真是一个最好的女朋友。等我成功了，你的投资就有回报了。

谢青不知道他会不会成功，但她知道，就算她是最好的女朋友，也并不是曹俊的贵人。

所以曹俊那些花红柳绿的应酬、交际、扩充人脉圈的冶游，除了尽量替他承担花费之外，谢青没有反对的资格，亦没有出席的必要。

曹俊有着N多大大小小的外债，有人来要，手上有，谢青就替他还了，没有呢，就发了工资再替他还掉。

谢青认识周明的理由，就是这么卑微——曹俊欠他钱，而她得替曹俊还钱。

她不喜欢欠人钱财，她觉得那是最卑微的一种活法。但为了曹俊，她忍了。

也不是没有想过分手。

但曹俊被现实挫伤，抱住她不语的时候，她明白，曹俊只有她。他最软弱的一面，只留给她。她抚慰了他的挫败，包扎了他的伤口，重新粉刷了他的骄傲，好让他在别人面前神气活现。

志气输给了心疼，自尊输给了爱。

这样的女子，世间大抵就只有谢青吧。

曹俊曾经拍着周明的肩膀对谢青说，周明是我唯一的真心兄弟。

周明是曹俊的高中同学，也是在这座城市里，唯一还肯借钱给他的高中同学。

但是，在第三次发了工资后直接拿钱去还给周明时，谢青还是说，你不要借钱给曹俊了，他不会还的，我也渐渐地不太能还得起了。我不想他因财失义。

周明沉默了几秒钟，抬起头看着谢青，轻声说，可是，我不想让你吃苦。

谢青一时间不知道该怎么回应。他是曹俊的朋友，她是曹俊的女朋友。他话里有太多感情，她只能装作没有听见。

周明问，谢青，你幸福吗？

谢青点头。

周明忽然笑了。

他说，谢青，你的心在哭，我能听见。

心有没有在哭，谢青没时间去仔细听。曹俊找到了一个据说可以长期稳定发展的大客户，心情非常好，拉着她在恒隆选择出入非富即贵的场所能够配衬得起的行头。

　　她看着那一件又一件衣服，盘算着曹俊并不在意的标签上太过于隆重的价格，实在没有办法说出一个好字。

　　曹俊也并不在乎她的意见，他选中了一件西装，然后示意谢青去刷卡。

　　接过导购小姐递来的五后面跟了四个零的小票，她迟疑了。

　　而曹俊说，快去。

　　电话接通的时候，周明说，谢青，这次要多少？

　　根本不需要问，周明就明白了谢青的求助。他甚至免却了她开口的尴尬。

　　要不是信用卡透支额度只剩下最后六千元，谢青绝不会去找周明——知道别人的心意，不能接受，却又去兜搭，这样绿茶的事情，比借钱更让谢青不齿。

　　但此刻，她唯一能找到并且有可能借钱给他们的人，只有周明。

　　她忍不住问周明，你很看不起我吧。

　　周明说，并没有。

　　谢青沉默。她想，周明终究还是给她留了面子。

　　但周明说，谢青，你知道吗？我见过不少女生，她们就像是北极的代言人，虽然笑容甜美，但是从里到外从心肝到手指尖都是冷的，只在乎自己。而你，你是她们的无限反向延伸。

谁让她中了爱情的毒呢？谢青也希望自己孤僻乖张任性偏激，因为曹俊好像更在意这样有个性的女生。他曾经不止一次地说，谢青，你能不那么乏味吗？

周明问，你有想过将来吗？

不是你和曹俊的将来，而是你自己的将来。

谢青没有回答。

电视里，亲密靠在一起的情侣笑容里都是甜蜜，父母带着孩子的一家人其乐融融。和曹俊已经五天没见，刚刚回到这里就遭遇了催租的谢青，坐在被房东太太席卷而去后只剩下满目疮痍的客厅，在这欢乐的城市背景里成为阴影。

电视声音被关到了最小，打给曹俊的电话还是只有空荡的响铃。

他也不回复短信、微信。

在人类世界里，所有无视谢青这个人的方式，曹俊都用上了。

谢青再打过去，电话已经变成无法接通。

曹俊居然屏蔽她的电话。谢青侧过头，看到自己被电视机的光映在墙面上，留下的浅淡模糊的影子。

这是她在曹俊世界里的地位——仅仅只是一个浅淡的、模糊的影子，而已。

一切都是那么空那么虚，爱是万丈深渊。

曹俊第二天中午才回复谢青的信息。他说，谢青，我搬出去了。

谢青一直以为，曹俊终究会梦想破灭，最终黯然看清现实里的自己有多么可笑，连他孱弱的影子，都是因为自己甘心燃烧成为光芒，才最终得以成形。

但曹俊毫不犹豫地从谢青的生活里消失了。他最后说，谢青，我们永远是朋友。

然后，他把谢青一切的联系方式都拉黑了。

圣母光环熄灭，谢青觉得，自己的脸被狠狠地打了。

三年爱情，留给谢青的，是拖欠的三个月房租，和信用卡里累积的债务，和被房东嘲笑、侮辱。

这几年，她照顾曹俊的生活，替他分担开销，也失去了自己的朋友。在这个繁华得足以炫花人眼的城市，她已经没有任何依靠。

谢青走到阳台，看着绚烂的城市。霓虹灯把一切映照得恍如白昼，街面像撒下了一片金粉，但深夜的风依然是凛冽到足以让人发抖的程度。

她想，如果跳下去，想必就不会冷了吧？如果跳下去，曹俊会不会哭呢？

一件带着浅淡体温的外套落在谢青的肩膀上。是昨天被她赶走了的周明。

在乎你的人，怎么样都会在乎你的。不在乎你的人，怎么样都不会在乎你的。周明说，我继续做你的债主，你把曹俊拖欠的房租和卡债先付清，把自己的生活安排好，然后努力工作，分期还款给我。

你应该忘记这不堪的过往，继续更好的人生。

三个月后，周明问谢青，我能做你的男朋友吗？

谢青拒绝了。

谢青用了两年时间努力工作，把时间都投资在了自己身上，还考到了几个等级证。

她渐渐也发现，离开曹俊才有未来。如果仍然和他在一起，生活依旧在万丈深渊里，而她那圣母一般投射的爱，终究会散落，消失。

她没有再听到曹俊的消息，而这几年，她和周明的关系也并没有多亲近，他们甚至不常见面。

但每当想到生命里有这么一个人可以最终信赖，无论多么沦落，他都会把自己拉起来，谢青就很安心。

她终于还清了所有周明替她垫付的钱。

那一天，周明捧着玫瑰花和钻戒，出现在谢青公司楼下。

他说，谢青，你应该得到幸福。会有一个人，能看懂你的美，爱上你的微笑。而我就是那个人。我是家里的独子，我妈去世了，我爸找了个伴，在昆明安享晚年。我明年博士毕业后就能升主治医师了。我买了套小房子，两室一厅，刚好够小夫妻两个人住，房子首付已经付了，需要月供，月供占我工资的三分之一，不会影响日常生活。我的身体基本上一切正常，除了近视。如果不放心，我可以去做个全面的健康检查。

周明还拿出几张卡递到谢青面前：这是我的工资卡和保险卡，上缴国库。

围观的人吹着口哨起着哄，而谢青在微笑，笑容很美。

人生那么长那么曲折，总会有跌倒的时候，总会遇到让你不得不成长的境况，总会有一些你并不甘心但必须付出的代价。但只要你走下去，一定会得到不被亏欠的回报。即使曾觉得人生和爱情暗淡无光，甚至失去期待明天的理由，但幸福，还是会来的。

这个世界上，一定会有一个人看得到你的珍贵，懂得你的苦楚，心疼你的不堪，想要和你分享他所见的一切美景。一定能遇见一个人，看懂你的美，爱上你的微笑。

尽管那个人，也许要待你翻越千山万水，经过九九八十一难，才终于和你重逢。

但，总能遇见的。

不必刻意取悦的人才是对的人

当你遇见一个你不需要刻意去取悦，而他会仅仅因为你的存在就感觉愉悦的人时，爱就是人世间，最美好的所在。

六六简直是我见过最毒舌的一个人。

当生平以金牌媒人自傲的三姑婆拿出一本厚厚的相亲候选人资料照片要安排六六相亲时，六六傲然地翻了个白眼，把那本厚重的记录推到了茶几边缘。她说，三姑婆，现在有句话很流行啊，媒人向你推荐什么货色，就代表你在媒人眼里有着什么品相。您可千万别让我误会，在您心里我其实分数很低哦，这样我爹妈该伤心啦。

她又说，我昨天路遇一个占道算卦的半仙高人，他捧着我的手掌指着我的感情线说，姑娘你的命宫有贪狼化忌，桃花运受阻，注定命途多舛，鸡飞蛋打啊。三姑婆，我总得服从命运，你说是不是？

我在旁边笑到了内伤。而三姑婆愣了愣，最终收起了那本相亲神器。

六六是我远房表姐，她的爸爸是我表弟的爸爸的哥哥，一表三千里，我小时候曾经很费劲地想要弄清楚我和她的亲戚关系到底是什么脉络，甚至不惜画了一张关系图谱，结果六六瞄了眼，拿过去就直接撕掉了。她说，我和你就是即使申报结婚也是会被法律允许的亲戚关系。

我说，哦。然后过了很久，我才后知后觉地反应过来，我和她都是女的，即使不是亲戚关系，申报结婚也是不会被允许的啊。

但从那以后，六六在我心里的定位，就固定在了逻辑清晰、反应迅速、眼光独到、性格直接、且有着毫不拖泥带水的毒舌的位置。

事实上，这也和她工作后的职场定位差不多。她在法律事务所当律师，能够用最少的资源完成最高质量的工作任务，而且敢于承担责任，永不言弃，眼界开阔，责任感爆棚，且毒舌。

这个定位，是她同事给她的。

同事是比六六晚一年入行的干净清爽小律师赵小刚，作为六六的助理出现在我面前。我那时还没对象，看到长相清俊办事利落有条有理有节有据的赵小刚，眼前难免不会一亮。我说，哎，人家都说肥水不流外人田，你作为我遥远的表亲，有这么好的新鲜资源也不pass给我？想自己留着？

六六对此嗤之以鼻。不做媒、不做姐妹、不做保，这是她为人处世的基本原则。

但我和小律师助理赵小刚还是交换了联系方式，偶尔会一起去图书馆，然后坐下来喝杯咖啡，作为共同见证人一起声讨一下六六的毒舌。

三姑婆虽然偃旗息鼓，但年龄已经直达三十岁大关的六六，依旧被各路亲戚和她妈妈的广场舞朋友团关照着。

六六说，我不是觉得相亲就怎么了，但是每次听到介绍人说对方老实，会过日子，我就立刻觉得心里一股浊气上涌。什么时候开始，结婚不结婚成了衡量一个人价值的重要标准了？

其实六六经历的这一切，在现如今的社会价值观下，大多数姑娘都难免遇到。

从大学毕业开始，被各种亲戚朋友长辈父母关照的不止是工作和理想，更多的是催着恋爱，催着结婚，催着生孩子。好像不催不逼，世界就会停止运转了一样。

六六恶狠狠地说，我读过的法典里就没有哪条法律规定女人必须结婚、非得生孩子，不谈恋爱不有个被众人羡慕的对象就像是犯罪。这种社会歧视必须修正，端正态度，从我做起。我这么一个貌端体健、上进独立、经济状况甚可、社会地位不低的女性至于被亲戚爹妈当作一棵过期就蔫掉的大白菜，不推出门去誓不罢休吗？我努力念书可不是为了给某个"会过日子"的男人镀金。

确实没有法律规定谁必须结婚，但所谓的家庭责任、社会眼光、约定俗成的人生道路就是这么正碾轧一切个人意志行进着。再独立的女性，到了适婚年龄没对象，不结婚，即使你再了解自我，再确定自己生活中并没有因为少一个对象、少一张证书、少一个世俗的仪式而有所缺憾，别人却已经把你定位成失败者。

是啊，找个能搭伙过日子的人这么简单的事情，怎么就那么难以完成？被剩下的，就成为了流言蜚语里的loser，或者性取向有问题的可疑者，好像不按照约定俗成的轨迹过日子，就危害了社会和谐，影响了社区稳定。

有些人就是觉得女性如果没有婚姻，那简直活得惨透了，人生就是不完整的。感情就需要磨合，长得不好才靠得住，心灵的契合和愉悦能比得上不抽烟、不喝酒、会节省吗？比起居家过日子来说，爱情重要吗？

爱情多重要啊。比如赵小刚现在刚刚单独接手的，就是一对中年夫妻的离婚委托。

男方事业成功，坚决地以感情不和为理由协议离婚，女方也并没有纠缠，倒是女方母亲哭哭啼啼的，觉得男方人品有问题，事业发达了就离婚换伴侣，完全对不起陪他共同创业的糟糠之妻。但女方反倒劝母亲，摆脱了不爱自己的丈夫，拿到一笔足够精致生活的钱，一个人过也不见得不是幸福生活。她说，至少我不用为了我丈夫的每一个电话、每一通短信的声音而心烦意乱、草木皆兵了。

现代女性和二十年前的女性，其实骨子里的温婉贤淑是没有退化的。只是现在的女性对爱情对事业都有了清晰的了解和认识，可以不再患得患失，可以坦然地选择自己的得失。有了独立的意识和经济基础，就有不讨好，不强求，不看无关旁人的脸色过日子的底气。就算失婚，也不过是止损的一种方式，这分明是很好的事情。

六六虽然毒舌，但偶尔也会冒出点心灵鸡汤的油花。她说，晚婚没关系，慎重选择未来伴侣是正当权益。因为，婚姻不该为盈利，离婚可以是止损。

情人节的时候，六六收到了娇艳欲滴的十二朵玫瑰。

小律师赵小刚立刻拍了玫瑰的照片发给我求八卦，我也茫然了——没有听说六六有恋爱啊。我想，应该是她众多追求者中的一位吧。

我微信她，问：情人节有约会？

她午休时回我微信答，有人约，没约会。

她给我发来一张举着树杈手的自拍，笑容明艳，备注：像我这样的可人儿，才不愁找不到理想人选呢。

六六对男性的要求不低，首先要人品好，其次要有自我，有能让她崇拜的闪光点，再然后必须有责任感。他不必长得多么帅气，但是应该貌端体健，有正气。

她不要求男方的收入和社会地位，但是能有这些品质的男人，只要运气不太坏，该有的成就基本都会有。

这些条件说起来不多，但能达到的男性并不多，而且拥有这些条件的男人，大部分已经有了主。做第三者，六六是决计不屑的，而且，没有结束一段关系就开始另一段关系的男人，也不可能归入到有人品的行列中。

当然最重要的还是要有感情。六六曾经叹息，总有人说她条件太高所以才剩下。其实她并不要求对方的条件，她才不至于要靠别人来提升自己的生活品质。只是，是从什么时候开始，社会和大众对男人的品质要求降低到了让人叹为观止的地步，还不断地打压对男性基本品质有正常认识的女性？

小律师赵小刚说，六六姐一定能找到她心仪的对象的，多少岁对她来说，从来不是障碍。

因为她有好好照顾自己的能力。

男人看问题就是直接明了。其实每个人都一样，在找到一个肯把自己细心疼惜、悉心照料的人之前，首先要学会怎么真的疼惜照顾自己。并不是有了男朋友，就一切顺遂，即使在你最落魄最艰难时，他会和你相濡以沫，会无微不至地照顾你所有情绪，但没有人有义务把谁当作主子，一切获得都是有基础的——如果不是爱，那么就是利益，或者习惯。而不管基础是什么，都有可能在长期的对你的付出中疲倦，厌烦。

人生从来不是繁花似锦，没有王子少爷欧巴霸道总裁永远保护谁，你必须让自己可以面对所有的坎坷折磨、高低起伏、惨淡残酷，只有这样，你才能真正地掌控自己的生活，你不需要别人来决定你该过什么日子，你不需要别人认可你的种种才有安全感。

每个人都想要绝对的自由度，但并不是每个人都跨出了让自己变得更优秀的那一步。

三姑婆又来劝六六去相亲时，我恰好去她家蹭饭。

这次三姑婆来势汹汹，仿佛不把六六嫁出去她自己的人生就失败了一样。她数落六六的标准太苛刻眼光太高幻想太没谱姿态太强硬，她说，你要把条件降低一点，把自己看轻一点，你要替你爸妈想想。你孤独终老怎么办？你以为老年生活孤单一个人很好过？

在六六的熏陶下，现在的我吐槽已经是吐得很宏观了。我说，三姑婆，就算结了婚，生了孩子，要是运气不好，老公比自己先离世或者婚姻不合离婚了呢？要是孩子叛逆不听话或者离得太远无法日夜照顾自己呢？婚姻和后代真的不是幸福的绝对保证啊。

三姑婆狠狠地瞪了我一眼。

而六六说，三姑婆，我有男朋友了。

我和三姑婆同时瞪大了眼睛。

说实话，我确实有着六六不那么容易找到合适对象的认知。因为从大部分人的角度看来，她太难取悦。因为她太聪明，太有能力，所以即使她并不是冷冰冰的性格，但自信稍有欠缺的人，就可能被她的优秀隔出距离感来。我见过太多男人，想要的理想伴侣都是不需要过于聪颖出色，只需要温顺顾家就好，因为他们没有耐心也没有耐力去和自己的伴侣并肩成长。

所以他们说，女人是用来爱的，不是用来理解的。

那只不过是因为，他们不想对身边那个人给予理解和支持，不在乎她的心灵是否丰富鲜活。他们只要有人处理好柴米油盐父母子女就OK，至于那个人苦不苦累不累孤单不孤单，是否需要花时间和真心去了解和体会，他们根本不想在意。

这样的男人，六六也不会在意。

六六的男朋友，是小律师赵小刚。

姐弟恋啊，好刺激哇。我号叫。

六六脸上有着恋爱中女人特有的娇羞和幸福。她说，赵小刚的心智不像很多26岁的男人一样幼稚，在活泼阳光的外表之下，他有着稳妥、开明、体贴的灵魂。

可是他职位比你低哦。我唯恐天下不乱地挑拨。

那又如何？六六不在意地说。

她是真的不在意。而且我也一直觉得，六六和赵小刚是很合适的一对。赵小刚是个踏实而可靠的人，重点是他还很有生活情趣，很幽默，很正直。

他们有相似的爱好，相似的三观，相似的对生活对事业的正视和努力。

其实我早就察觉到赵小刚对六六有着倾慕之情。男人是很简单就能看透的，在不在意一个人，只要看他的行动就能明了。如果他不闻不问漠不关心，那么即使再有暧昧情愫，也都不过是一场权宜之计。

赵小刚一直关注着六六的一举一动，每次和我见面都在探究六六的爱好想法心情状态，在决定向六六告白前，他存够了在市中心购置一套足够两个人居住的房子的首付，打算在房产证上写他和六六两个人的名字。

他说，我知道你不在乎这个，但是我有责任也有能力给你这些。我会倾尽所有的爱疼惜你，认真努力地赶上你的脚步，我会让你在做我女朋友的同时依旧保持完整独立的自我，我只希望你给我一个机会，让我证明。我不会永远当你的助理，但是我想成为你永远信任的一部分。

爱情其实很简单。

当你遇见一个你不需要刻意去取悦，而他会仅仅因为你的存在就感觉愉悦的人时，爱就是人世间，最美好的所在。

陪伴，是最长情的告白

见过了一千个人，我还是喜欢你。走遍了这个世界，我还是喜欢你。在有生的瞬间能遇到你，愿花光所有运气。

小萌给我送来从尼泊尔带来的礼物时，已经计划好了下一站去罗马。

她兴致勃勃地向我描述罗马的浪漫和对梵蒂冈的期待。

世界上最小的国家，罗马城中的国中国，教皇和教廷所在的先知之地，即使从未踏足，但光是闭上眼睛想想，都觉得浪漫又庄严，神圣又悠闲。

梵蒂冈博物馆（Musei Vaticani）N个世纪累积的、教廷搜罗的奇珍异宝和艺术品数不胜数。而博物馆的西斯廷礼拜堂是小萌心心念念一定要去的，这个空无一物的房间并无展品，唯一有的是头顶上米开朗基罗绘制的巨型壁画《创世记》。在一任教皇过世之后，来自全世界的主教们会锁在西斯廷礼拜堂里，讨论下一任教皇的人选，并通过烟囱的烟雾向外界传达消息。

一直以来，她都认定蜜月要去梵蒂冈。携着爱人的手，沿着Via della Conciliazione大街走到尽头，经过圣彼得广场两侧的环形柱廊向北，一步一步走过博物馆著名的螺旋大楼梯，然后去西斯廷礼拜堂许天长地久的愿望，这是终极的浪漫。

蜜月之旅虽未实现，但广场许愿池已经被写进过太多的歌里。小萌说，我必须得去许个愿，也许扔进去硬币的时候，就能把心里盘旋不去的阴影一扫而空。

小萌的阴影，来自失恋。

谁的失恋都是一场不到终点就看不到尽头的独旅，即使如小萌这般开朗的女孩，也无法轻易地从其中逃脱。

小萌的前男友爱好旅行，也爱营造浪漫。他带着小萌走过了太多地方，给了小萌太多惊喜，太多新鲜，太多深深嵌在记忆里永不遗忘的美景和经历。

分手后，小萌开始行万里路，她避开所有曾经和前男友行过的地方，去完全陌生的地方，看不同的风景，遇见不同的人，为了忘记一个他。

　　三年间，一千多个日子，小萌感受了西藏炽热的阳光洗礼，神山圣湖间的静坐呼吸，大东北冰天雪地的寒意，普吉岛的碧海青天，恒河里泛舟的悠远感受。

　　静寂无声或喧嚣拥挤的异乡夜晚，步履不停的无数个不眠之夜，小萌遇到了太多人。他们和她不太一样，她是为了逃避，而其他行者大部分是为了寻找。他们相遇，陪伴，告别，掠过彼此的生命，留下或深或浅的印记，也收获了很多友谊。

　　但小萌心里的缺口，仍然在那里。走过越多的路，看过越美的风景，她就越深刻地感受到孤独。她没有从旅行中找到失恋这条路的出口，遇到的人再好和记忆里的那个他一比较，也总是稍逊了那么一筹。

　　我曾经劝过小萌，如果带着缺憾行走，再壮美的瞬间，也只会留下"可是你不在这里"的无奈。旅行从来不是万试万灵的良方，太多文艺青年嚷嚷着在西藏在尼泊尔在远方终于发现自己，但静下心来，我在自己的阳台上就能发现自己。

　　小萌没有停下来。期待共同实现蜜月之旅的人遗失在时光里，那么就自己走完这趟旅程。

　　在夏天，她背起包，去了罗马。

小萌并不是没有追求者。比如杨竟。

杨竟是小萌徒步九宫山时认识的。程序员一枚，属性宅，去九宫山也是被同事骗去的。那趟徒步非常艰难，但一个人行走的小萌和被同事远远抛下的杨竟互相扶持着走完了全程。

杨竟没有掩饰对小萌的感觉，小萌失恋后，他也曾向小萌认真诚恳地告白。但小萌说，经历过随时有惊喜天天有花样的爱情，杨竟便显得平凡普通了那么一点。

做朋友是难得的，做伴侣，纵使举案齐眉，到底意难平。小萌说，虽然治疗失恋的良方从来都是另一段恋情，但我不需要一段过渡的爱情来作为出口，渡我到尽头的，会是更好的人，更轰烈的爱，更浪漫的生活。

程序员被吐槽的段子不要太多，杨竟虽然并不是蓬头垢面爱好二次元少女言辞木讷表情呆板的典型宅男，但性格里也有着一股执拗不回头的劲。

小萌虽然友好礼貌地拒绝了他的追求，但他还是默默倾慕不改初衷。

他问过小萌，一个女孩子独自去陌生的地方，语言都无法交流，不害怕吗？

小萌摇头。她知道独自上路的危险，也曾经害怕过，但是人总不能因为恐惧就拒绝去发现美好。有勇气，智慧，小心地保护自己，就能尽可能地避免不幸的发生。

但杨竟仍然不放心。小萌去罗马，他便也拿了年假，和小萌一起飞越万里，说要增长见闻。

到了罗马，把旅行箱扔下，背着双肩小背包，小萌就奔向台伯河，越过石桥，经过圣天使堡，西转，Via della Conciliazione大街就出现在眼前。

小萌对杨竟说，我们分开逛吧，这段路，我想自己走。

杨竟也只得点头。

小萌在梵蒂冈博物馆逛了四个小时，然后打算去圣彼得广场的许愿池投硬币，许下终遇良人不再心酸的愿望。

但没想到的是，警察封锁了圣彼得广场附近的街区，只有事先在所在教区的教会领到入场券的基督信徒才能进入——圣彼得广场将举行一场弥撒，教皇将出席。

有个韩国的游客很热烈地跟警察理论，想要进入封锁区内参观弥撒，却被拒绝进入。他无奈地摇头，对身边的女孩说，即使在小小的梵蒂冈，能遇见教皇的可能性也很微小。教皇亲自参加的弥撒，常常很久都遇不到一回，看不到，真是太遗憾了。

小萌想，这像不像爱情呢？近在咫尺，却远如天边。而一直在路上的自己，即使走到地球尽处，是不是仍然漂泊，心无归处？

五天后，小萌从罗马回来了。

她给我带回来的礼物是一本《圣经》，我简直对她选礼物的眼光叹为观止。

但小萌认真地说，这可是梵蒂冈的《圣经》啊，《哥林多前书》第十三章第四节都说了，爱是恒久忍耐，又有恩慈；凡事包容，凡事相信，凡事盼望，凡事忍耐；爱是永不止息。所以，即使对礼物不满意，你也该开心地接受我的心意嘛。

你别旅行了，你去传道吧。我说着。又问她，计划下一站去哪？非洲？

没想到小萌大笑着摇了头，她说，我不走了。虽然非洲我也是一定要去的，但我想静下来好好沉淀两年了。或者，蜜月的时候去非洲大草原好啦。

蜜月？我说，首先，你得有个未婚夫。

小萌不好意思地笑了，她说，男朋友会不会变成未婚夫，就看他的表现了。

我瞪大了眼睛：失恋这条漫长的路，小萌还真是在翻越千山之后走到出口了？

被拦在圣彼得广场的那天下午，小萌原本去许愿池的计划也就被中断了。她随意地选择了一条街漫无目的地走，结果遇到了一队拍摄整人节目的剧组。

与意大利罗马梵蒂冈人完全不同的东方面孔的小萌看了一会儿拍摄，笑得前仰后合时，剧组的AD过来和她搭了话，请她参与拍摄。

第二天一清早，小萌就拉着杨竟从东至西穿越整个罗马老城去许愿池。大清早，游客并不多，小萌背对着许愿池，扔出去了硬币。

忽然一个意大利大汉冲出来，拉住小萌的手腕就拖着她走，手里还扬着一把匕首。

杨竟愣了一秒钟，立刻冲上去扯住了意大利大汉的手，把小萌抢了回来。一米九几的大汉VS一米七五的杨竟，完全可以用上那句十三年前蔡依林唱出来结果变成2014年度流行网络语的，画面太美我不敢看。

小萌正打算笑出来配合下一秒剧组跳出来嚷着"你被整了"，结果她看到了杨竟的眼神，他一边护着她一边盯着意大利大汉，完全是拼命的架势，脸上的表情简直气壮山河。

那个瞬间，小萌觉得，自己实在太绿茶了。

而她的心，也被温暖和感情击中了。

我说，喂，你别走少女被英雄救美所以感恩回馈的套路好吗？

小萌说，不是这样的。

知道小萌是参与整人游戏，虽然被整的人是自己，但杨竟说，你没事就太好了，其他的不重要。

小萌说，我不接受你的告白，还和你一起来罗马，你不觉得我绿茶吗？

不觉得。杨竟摇头。我跟着来，也只是担心你一个人在外面不安全。你记得吗？上次去印度，你坐从不准点的铁皮火车，流量用完了也没法马上重新续办，结果失联，那一天我就确定，我会一直等你，尽力陪着你，我不会扔下你，不会和你走散，不会和你天各一方，不会对你说，算了吧再见吧。即使你最后的选择不是我，但我愿意。因为，见过了一千个人，我还是喜欢你。走遍了这个世界，我还是喜欢你。

那一刻，一句话袭上小萌的心头：在有生的瞬间能遇到你，愿花光所有运气。

一直觉得自己可以坚强地一个人旅行一个人生活，但是似乎不能呢。小萌带着微笑和泪光说。

梵蒂冈多么小，却连教皇也不能常常遇见。这个世界多大，她却能遇见杨竟，爱原来可以简单又深重，沉默又盛大。

也许，是上帝实现了她想要在许愿池许下的愿望吧。那么，怎么能不珍惜呢。

随时有惊喜天天有花样的轰轰烈烈的爱情远离之后，在这个五光十色的世界里，用一千多个日日夜夜，小萌走过了太多灯火阑珊。

她终于还是发现，安静的陪伴，才是最长久最长情的生活。

无论走多远，走多久，离开的目的，都是为了回来。

而前行的意义，是从恐惧中找到勇气，从疼痛里找到温柔，从伤痕里找到善良，从失去里找到爱，从荡气回肠里找到，最美的平凡。

不在乎曾经拥有，只在乎天长地久

顾思嘉是努力让自己的生活更精彩更完整更广阔的女子，但她不是乐于不劳而获的女子。她不谋生，她谋的是爱。

顾思嘉说，你晚上陪我去吃饭。

你去相亲吗？我问顾思嘉。

顾思嘉摇摇头：杨宪约我。

嗬，那渣人。我摇头拒绝：你替我送他两个字，呵呵。

杨宪是顾思嘉的前未婚夫。长得也还算将就，体形也不算失准，家世也还能称得上富贵，看起来完全是理想夫婿的代表，是顾思嘉最稳妥的归宿。

当我知道顾思嘉的男朋友是这样来头时，简直羡慕嫉妒到再不想和她愉快地玩耍。

顾思嘉父亲早逝，家境不是太好，但她绝对不做苦哈哈的灰姑娘姿态，这点让我异常欣赏。

顾思嘉身上的标签非常鲜明：温柔、大方、有礼。这样的美女配钻石王老五，天作之合，灼灼其华。

但就在他们已经议定了婚礼所有细节，只待广发喜帖之时，顾思嘉通知我，婚礼取消。

那个时候，我才知道，看似白雪无瑕的爱情，还是躲不过冰消雪融时混沌的黑灰。

和杨宪在一起，从始至终，围绕顾思嘉的酸溜溜的旁人对"美女豪门"的绘声绘色都不曾少过。顾思嘉从前一点也不在乎这些恶意，她傲然地与杨宪出双入对，因为她有着骄傲——杨宪爱她，她也爱杨宪的骄傲。

但杨宪居然出了轨。

顾思嘉的骄傲就像台风过境后的沙雕，如日光融雪，溃散一地。

我问，顾思嘉，你要和杨宪分手吗？

顾思嘉摇头。她说，我不甘心。

我明白顾思嘉的不甘心。

也并不是因为杨宪的条件在这现实的世俗里算得上金光闪闪，还因为，杨宪是顾思嘉对爱情的唯一信仰。

顾思嘉和杨宪开始在高中，两个人一起经历了青春年少里最好的时光，最美的风景，也一起面对过大学两地分隔和形形色色的诱惑。

八年时间，已经足够人结婚生子了，顾思嘉和杨宪也像老夫老妻一样，只待完结那最后一个篇章，从此王子和公主幸福地生活在一起。

忽然横生枝节，换成是我，我也不甘心。

杨宪在顾思嘉面前痛哭，说只是贪图新鲜感，反复恳请顾思嘉原谅他的一时糊涂。

顾思嘉问我意见，我说，中国人向来是劝合不劝离的。但你要问我，我也只能直说——如果看起来他不那么爱你，那就真的不爱你。至于怎么面对，我想，要看你爱不爱自己了。

只是顾思嘉还是选择原谅了杨宪，毕竟，八年的岁月，已经比很多人的婚姻要长，他融入她生活的方方面面，要清空割断，绝不容易。

顾思嘉继续处理婚礼的细节，再也不提杨宪曾经的背叛，并不像诸多经历过这些丑陋故事的女子那般不依不饶。她当然觉得如鲠在喉，但是她更明白，两个人要长久地相处，包容、体谅、信任是多么重要。

顾思嘉和杨宪又恢复了在人前如神仙伴侣一样的状态，大家都以为他们会淘尽黄沙始见金，梅花香自苦寒来。

只有我总觉得顾思嘉的眼里，多了一层寂寞和无奈的神色。

所以，当顾思嘉跟我说，她终于还是决定不结婚时，我也并不意外。

顾思嘉给我看她的手机，里面是三儿发给她的信息，有和杨宪一起的甜蜜合影，有和杨宪的信息来往，日复一日，从不停息，字字句句透着让顾思嘉心寒的冰冷，传递着一个信息：杨宪的心里眼里，已经不是只有顾思嘉了。甚至，已经没有顾思嘉了。

所以，顾思嘉在写着结婚喜帖时，终究还是停下了笔。她对杨宪说，你和三儿断了，不然我不会跟你结婚。

杨宪说，顾思嘉，反正我会娶你的，我已经认过错了，你就别作天作地了。

看着杨宪满不在乎的眼睛，顾思嘉知道了什么是心痛，也知道了什么是心死——这个男人，已经不再是那个十七岁时笑容满是温柔，眼里心里都是真心的杨宪了。

她终究是失去了他——就算他娶了自己，她得到的，也不是她想要的。

顾思嘉抬起手，嘶啦的声响过后，红色喜帖成了再也无法拼凑完整的碎屑。

顾思嘉，你疯了？杨宪说，你想清楚了？你要跟我散？

我没疯，我清醒了。顾思嘉说，给了杨宪最后一个甜美的笑容。

她说，你婚礼的损失都算在我账上。

而爱情和自尊，我都不卖。

杨宪和顾思嘉的破局让人意外，却又让人不觉得特别惊讶——这个混沌世间从来都有无数匪夷所思的故事，顾思嘉遇到的，不过是每个人都可能有天需要面对的真实。

而杨宪的晚餐邀约，顾思嘉终究是没有去。

她说，除了支付取消婚礼的账单外，我和杨宪，再无瓜葛。

你甘心了？我问她。

现在这个社会的三观就不正，我和杨宪结不成婚，根源在杨宪身上，就算这三儿消停了，难保也没有下一个三儿，稍微有点钱的男人都有小姑娘喊着大叔前仆后继地扑倒呢，何况真有钱的杨宪。你说，我和这样的人去计较、去争、去抢一个心猿意马的男人，有意思吗？顾思嘉长叹了口气，说，扔了就扔了吧，哪怕我再也找不到人嫁，也不想惶惶不可终日。

我说，你想清楚了，过了这村可没这店了，毕竟高帅富看起来满地都是，但要抓住一个可真是难啊，反正我从来没有成功过。

顾思嘉说，你觉得我像那些女人一样，有钱就行了吗？

我忙不迭地摇头。

我当然知道，顾思嘉是努力让自己的生活更精彩更完整更广阔的女子，但她不是乐于不劳而获的女子。

她不谋生，她谋的是爱。

网上有个帖子说，如果你男朋友是王思聪，你还介意他有其他女人吗？

才不介意呢。

只要思聪家不破产，那就是一生一世的爱呢。

我又不是爱他的人，他有多少个三儿都行。

大部分人这么回答。

但我相信，如果是顾思嘉，她的答案会是坚定的"不"——脸上还有淡然的笑容。

因为，顾思嘉要的爱情，是锦上添花，不是雪中送炭。

你已经一点都不爱杨宪了吗？我问。

顾思嘉说，我还爱他。可是，那又如何？

是的，那又如何？

每个被爱伤过的人心里，都住着一个虽然不再鲜明，但永不会被时光流影覆盖的人。将来的爱情，落在这里、或在别处，终于遇到最终陪伴的那个人，但在无可改变的曾经里，你遇见过他。

你为他哭过，为他笑过，为他愿意放弃一部分自我，为他忽略时光掠过的温度，为他忘记世间的明媚和温柔，为他即使含笑饮砒霜，也甘之如饴。

曾经为你痴狂多少泪和笑，曾经无怨无悔的浪潮，也都只能留在曾经。

顾思嘉还爱杨宪，但他已经不配她爱了。就算离开他，心里会空掉一个洞，那也不能用幸福和尊严去补。我明白，当杨宪踏出那一步的时候，已经不值得顾思嘉去付出任何感情了——不管是爱，还是恨。

我看着顾思嘉的眼睛。那里面其实还是有凄苦，有无奈，有寂寞，有对未来也许再也遇不到可以爱的人的恐惧。

但是我们以嬉笑怒骂避开了这些，任由它们在顾思嘉的心里流淌。因为，我们都明白，一切的一切，都必须由顾思嘉自己，一分一秒，一寸一寸地挨过去。

但我知道，无论在深夜独自一人时多么寂寞，无论向前的路多荒凉，她也不会后悔自己的决定。

后来，杨宪在顾思嘉的生活里彻底消失了。而顾思嘉在没日没夜的兼职努力支付取消婚礼的账单，根本没空接受我的温情安慰。

我说，顾思嘉，我跟你说实话吧，我有五万，你先拿去扔在杨宪的脸上，别透支自己的身体健康了。

没关系，顾思嘉说，我自己看错了人，我自己负责。

这样过了一年半，顾思嘉忽然在周末打电话给我。她说，你备好红包，我要结婚了。

这都是什么节奏。我茫然。我说，和谁？

不会是杨宪吧？顾思嘉不是说一次不忠百次不用吗？

不是杨宪。顾思嘉停了停，说，是谢涛。

谁？

谢涛。她说，谢涛。

谢涛？谢涛是谁？

顾思嘉是在献血的时候遇见谢涛的。

顾思嘉以前是不献血的。和杨宪分手以后，每当心里的痛楚到达她承受的底线时，她就去献血。看着血液流出身体，像是一点一滴地逐渐割舍掉曾经爱过杨宪的自己。

而那天，她在献血车上等待，看着旁边那人被抽的血逐渐充满了管子时，忽然觉得这不过是一种另类的自残。她终于确定，杨宪是不值得自己自残的。

然后她看到自己旁边也在等待献血的男生紧紧地闭着眼睛，一脸努力忍耐的表情，她忍不住说，别怕，其实抽血不算痛的。

我知道。男生说，我就是不能看，我晕血。

晕血？晕血你还来献血？顾思嘉大笑。

男生也笑，他说，我不看就好了。人生的意义不就是从恐惧中找到勇气，从苦难中找到善良，从伤痕里找到爱吗？

这励志感可真五月天啊。

而谢涛说，五月天是什么？

阳光从献血车的窗口落进来，停在谢涛的睫毛上。顾思嘉看过去，感觉到淡淡的温厚宽和他眼睛里融融的暖意。

顾思嘉说，三个月后五月天会开演唱会。

谢涛说，我可以和你一起去吗？

于是，他们就这样相约去了演唱会。

黄牛那儿买来的看台票，隔着主舞台十万八千里。

但顾思嘉异常投入。她跟着放声唱"我和我最后的倔强，握紧双手绝对不放，下一站是不是天堂，就算失望不能绝望"，毫无形象，也不顾及形象。

唱完，她又大声地笑了。

谢涛什么也没说，只是带着一点安慰的浅笑看着她，带着淡淡的温厚宽和，和融融的暖意。

顾思嘉和杨宪看过那么多场演唱会，在最VIP的位置，看得到舞台上的人挥洒的汗水，但是从来没有哪一次，让她觉得，演唱会也是一件让人心生感动的事情。

后来，顾思嘉依旧专注于没日没夜的工作、赚钱、还清账单。

杨宪曾经找过她，表示不在意那笔钱，不需要顾思嘉继续偿还。但是顾思嘉说，不。

我说，顾思嘉你傻吗？第一，杨宪根本不在乎这笔钱，但这笔钱是你不吃不喝两三年的工资。第二，杨宪是完全过错方，就算是结婚了再离婚，你也有资格要求他净身出户。

但是顾思嘉说，不。她说，这场婚礼的所有细节都是按照我的设想和要求设计的，我只是在为自己的梦想和失败付出该付的价钱。何况，现在哪有净身出户啊，顾锦妍你忒天真。

我是很天真。但是比我天真的还有谢涛同学。

谢涛不算"富二代"，但是条件也比我们好很多——至少他平日开的那辆车，已经是顾思嘉所欠的钱三倍多。

他知道顾思嘉所有的故事，也知道顾思嘉努力工作赚钱是为了什么。但他没有跟顾思嘉说，钱我来替你还。

他会在每一个顾思嘉加班的深夜，安静地等在顾思嘉公司门外，坚持把顾思嘉安全地送回家。他会在每一次顾思嘉顾不上吃饭时，买好营养早午晚餐送到顾思嘉面前。他没有送过顾思嘉礼物，但在顾思嘉生日时，他推迟了出国交流的时间，给她煮了一碗长寿面。

最终，谢涛同学，在《忽然好想你》的背景音乐下，单膝跪下说，顾思嘉，我没有女朋友，我也没有结婚。你愿意给我一次机会吗？

这厮不是理科男吗？扮什么唐伯虎徐志摩。顾思嘉一边在心里吐槽，一边居然哭了，她说，我愿意。

爱情，只看人，不看势。

而在顾思嘉死去又活过来的新的人生里，她还是愿意相信有她想要的爱情，她觉得谢涛会是那个让她愿意去相信的人——因为他尊重她的自我，肯定她的坚持，了解她的伤口，也懂得如何与她有时过于强硬的态度相处。

即使她也许，仍然，会因此而受伤。

而我，在私下了解了谢涛毫不犹豫地在所有房产证上都加上了顾思嘉的名字之后，也终于世俗地放下了心，愿意真心地祝福他们百年好合。

因为爱情，应该是锦上添花，不该是雪中送炭。

越是没人爱，越要爱自己

无论遭遇了什么变故，无论被人何样错待，借故堕落总是不值得同情的。遇到他之前，请你好好爱自己。

在costa等许曦的时候，我看见了孙海。

和他的新欢。

看得出他们刚刚大采购过，孙海一个人拎着五六个购物袋，还背着他新欢的包。

即将与他视线接触时，我移开了目光。

五分钟后，许曦提着大包小包来了，手里还捏着一支录音笔。

她拿起我吃了一口的蛋糕，塞进口里，从包里拿出笔记本电脑，一边开机一边跟我说，你等我一下啊，这篇稿子要得实在太急了。

她噼里啪啦敲着键盘，而我小声说，那个，我刚看见孙海了。

许曦敲击键盘的动作停顿了一下，然后她说，哦。又继续敲起键盘来。

和那个小妖精。我又说。

哦。我真心地祝福他们百年好合。许曦应着，这次毫无停顿。

我记得清楚，两年前，也是在这样的冬天，我在凌晨三点接到了许曦的电话。

赶到她说的地点时，我看到她蹲在路边，伏在一个硕大的行李箱上，非常大声地痛哭，完全就像毫无掩饰毫无顾忌的小孩子一样。

我走近，拍她肩膀，她抬起头来，脸上都是眼泪，妆花得不成样子。

她哭得太惨，根本说不出来，一直抽泣，过了半小时她才终于平静。

平静下来，她说，孙海要和我分手。

孙海是许曦的男朋友。初恋。十几岁青春年华里最美的邂逅和精彩。高中毕业后两个人挑明了感情，因为大学一个天南一个海北而展开了漫长的异地恋。

我们一班同窗纷纷没有良心地断言他们必然步所有异地恋的后尘，最终抵不过时间、空间的距离一拍两散，从此以后同学会就能上演一个出席另一个就找理由消失的好戏。

毕业后，孙海在上海找到了高薪又有发展前途的工作，而许曦立志考研考到上海。第一年，她的成绩不理想，第二年又继续。

结果他们居然令人发指地熬过了异地恋，已经打算在许曦到上海读研时就把婚事办了。

许曦打电话给我的那一晚，同学群里还有人说，妈呀他们这张红色炸弹可是分量很重啊，谁好意思不送上厚礼以表彰他们情比金坚啊。

结果几小时后，我站在路边，听到这段爱情剧终的消息。

许曦没有告诉我们，一个月前，在她考试前最关键的时间，孙海发了一条信息给她，说要出差，然后就再也联络不上了。

许曦在考完之后立刻买了票，来到上海，去了孙海的公寓。

结果打开门的是一个娇小柔媚的女生。

那女生说：你谁啊？

然后孙海穿着睡衣出现在女生身后。他没有走出门来迎接许曦，他说，我们已经分手了，你还来找我也没有意义。

他和她中间隔着那个第三者。像是许曦永生都无法跨越的深渊。

我忍不住飙了一句脏话，我说许曦你等着，明天我带着上海的同窗们去爆了孙海这孙子。

许曦摇了摇头，说，我真的不知道我们分手了。我考试前，他还跟我说已经给孩子取好了名字。

许曦又开始了抽泣。她的头发垂落遮住半边脸颊，精神恍惚的模样甚至让我在那个瞬间以为她有毒瘾。

她说，我是中了毒，爱情的毒，谁能赐我解药，让我不这么痛苦？

我说你现在还言情个鬼啊，你现在先想办法安顿下来，其他的事情我们来办。

在上海的同窗真的纠集在一起陪着许曦去找孙海，除了江楚成。他说：男人变了心，最好的办法就是一脚踢开他，还纠缠下去？你和自己过不去吗？

但是我们就是气不过啊。

而孙海面对着许曦，也依然振振有词：叶子是他上司的女儿，年轻漂亮家世优越，相比起来和许曦不过是五年间相聚过短短几个月的感情，选择哪方简直是不需要多做思考的事情。

他说得太有气势，我竟无言以对。

但男生们纷纷拍桌子表示要付诸武力，最后还是被许曦阻止了。

许曦说，大家都是同学，算了。她和孙海，分了就分了吧，总比最后嫁给他然后才遭遇背弃的好。

是的，不过是一个并不少见的错爱故事而已，每天打开电视都有节目轮番上演的戏码。最好的办法，也是唯一能够采取的办法，就是如江楚成说的，一脚踢开他，更好地往前走。

但是谁能轻易略过其中的心痛呢？那天我们散了之后，许曦就从我的日常里消失了。

人总有那么一段时间会成为某个人的脑残粉，很多女生其实都像许曦一样，可以为了爱情空置青春，坚守无谓的信念。即使隔着遥远的距离，也愿意为了男朋友一个人度过五年原本是最精彩的空白日子。

只是到了终局，原本以为终于度过最艰难的时刻，却才发现，一切不过是海市蜃楼。而等在彼岸的，分明是一场海啸。

再见到许曦，是在我完全没有想到的场所。

那是一年后的情人节，我被一直在相亲从来没结果的同事拉去陪她参加"粉红之夜"。

　　"粉红之夜"，手笔倒是不小，包下的是一间酒吧的整个二楼。一进门，就听到笑闹声一片，酒气和女生的香水气息在空气里交织，蒸发，闻起来倒有种别样的醺醉感觉，并不是特别讨厌。

　　漫无目的地四下打量，我的眼光落在了坐在靠近门边的沙发上的女孩子。

　　居然是许曦。

　　现在的她，和一年前在深夜路边上痛哭的她有了一些不同。她穿着一件极其贴身的纯白色裙，好身材凸显无疑。她的脸上化着稍显艳丽的浓妆，和我记忆里一直清纯，走学院风的她无法重叠在一起。她好像根本没有在管周围发生了什么，看着酒杯，发一会儿呆，喝一口酒，再发一会儿呆，又喝一口酒，杯子就空了。然后倒满，继续循环。

　　她看到了我，表情并无变化，还是一口一口喝完了手里满杯的vodka。

　　我问她，你好吗？

　　她无谓一笑：反正死不了，就只得活下去。

　　闪烁的灯光在吧台上留下薄薄的，像雾一样的痕迹，有些萧瑟。

就像这个世界的萧瑟一样。

每个人都是这么的寂寞。

我看着许曦的侧脸，觉得她已经不是我认识的那个许曦了。

虽然可能矫情了点，但我始终固执地认为，无论遭遇了什么变故，无论被人何样错待，借故堕落总是不值得同情的。越是没有人爱，越要爱自己。

那个时候的许曦，和现在的许曦，是完全不同了。

我看着依旧在忙碌地敲着键盘的许曦，她微垂着头，阳光透过落地窗，给她的睫毛镶上了金色的光。

用力按下Enter键，许曦抬起头来。她根本不纠结我说起的孙海的事情，而是对我说，呐，跟你报告一下，我恋爱了。

真的？我激动起来。姓甚名谁住哪里？

许曦笑，脸上是我多少年没有在她表情里看到过的，在爱情里春风得意的人特有的娇羞。

在"粉红之夜"遇见许曦后，我忍不住辗转问遍了所有认识许曦的人，拼凑出了她生活的现况。

她第二年的考研还是失败了。但她留在了上海。她没有继续念书，也没有去找工作，她在孙海公寓的正对面租了间房子，窗帘拉开，孙海在公寓里的一举一动都看得一清二楚。

她不再是那个单纯恬静的纯白少女，她常常去跑Party去锐舞派对，日渐烟视媚行。

也不是没有对她不错的人，据说颇有几个"富二代"愿意成为她的护花使者，还有人跟她表白，说我爱你说我要娶你。但许曦说，爱情是个什么东西啊，我都不认识这两个字。

所谓前任，大概有两种变成前任的状况，一种是相处之后越行越远终于分手，一种是单方面被舍弃，于是无法甘心，一直住在回忆，困兽犹斗，筋疲力尽，却逃不出。

人就是这样奇怪，美好温暖如沐春风的过往总是很快就忘了，而疼痛的不堪往事却坚韧地缠绕在心上，不肯消散。

许曦的命里像是被孙海划出了一条伤痕，三五天便崩裂一次，永不痊愈。

她的心空了很大的一片，对世界没有热情。她在孙海视线可及的范围内一点一点让自己憔悴堕落，仿佛在等待他的良心发现。

但孙海一点也不为所动。

为她操碎了心的，是江楚成。

没有和我们一起去"讨伐"孙海的江楚成，一直关注着许曦。

他替她搬家，一千零一次地把烂醉的她从Party上拉出来送回家。他对许曦大吼，为了一个不爱你的人，你就打算滚在暗处作践自己一辈子吗？

许曦漫不经心，她说，你没有失恋过吧？你不会明白我心里的惨痛和无奈。

江楚成说，我喜欢你。所以我不是一直正在失恋中吗？但我也不能因为你不爱我就放弃自己，不然，当你终于发现我的重要，或是当我终于接受你永远不会属于我时，我还能剩下什么呢？

江楚成说，即使我不喜欢你，就算只是作为同学和朋友，我也不能放任你为了一个不爱你的人逐渐枯萎。许曦，你要知道，活得好，只是为了自己。

那一瞬间，许曦混沌的世界打开了一道缺口，有光慢慢渗透进来，终于逐渐照亮了她心的出口。

有一天，她终于说，江楚成，我想搬家了。

她不再每天晚上关上灯抱着酒杯看着孙海家温暖的灯光，让寂寞和愤恨一点一点把自己的心啃噬得千疮百孔。

江楚成替许曦分析了兴趣和未来的方向，许曦改了方向报了新的研考，江楚成自己也有专业资格证要考，他每日拉着许曦去图书馆扎扎实实地做功课。

他替许曦搬了新家，监督着她戒了酒，陪她去一直想去的西藏看辽阔天空。他鼓励着支持着许曦慢慢地站起来，不断给她积极的能量和一直在旁陪伴的安全感。

许曦和孙海恋爱了五年，一直以为两个人在一起卿卿我我就是最好的爱。

但经过了变故，被离弃、被无视、被践踏再重新站起来以后，她甚至感激孙海放了她，虽然她差点熬不过去，但在这个苦痛的涅槃过程中，她学会了如何成为更好的自己，也学会了如何正确地去爱，更因为明白了这些，而获得了更好的人生伴侣。

是的，最好的爱，不只是卿卿我我的甜蜜，也不只是朝夕的相处，更不是他和你在一起，是因为你是能让他站得更高更远的踏脚石。

最好的爱，是那个人把你收藏在眼眸，陪在你左右，随时为你送上最温暖的归属。

最好的爱，是他知道你所有的不堪但仍然爱你，是他了解并支持你所有的梦想，愿意陪伴你一点一点去实现，希望和你一起站得更高更远。

在遇到那个人之前，请一定好好珍惜自己。所有的伤痕一定会成为幸福的点缀。脚踩的地狱是天堂的倒影。

只要不放弃，向前走，终能穿越浩浩人海，因为有爱并肩。

PART 2

感情和婚姻，不能将就

爱情到底给了我们多少时间，

去相遇和分离，去选择和后悔？

千万不要和消耗你的人在一起

　　女孩子，千万不要用你的心去暖一块冰。即使暖
化了，化开来的水，也都不过是你的泪。

　　陈佳在朋友圈里发了婚纱照，还别出心裁地用了民国时
结婚证书上的句子：婚喜今日赤绳系定，珠联璧合，卜他年白
头，永偕桂馥兰馨，此证。

　　我点进去评论：姑娘，你老公挺帅啊，像侧面版吴彦
祖呢。

　　她回复我：过日子呢，男人重要的并不是样貌身高，而是
有没有担当——当然，像我老公这样长得赏心悦目又靠谱的，

就更好了。

这丫头，这是彻底从上一段大洒狗血撕心裂肺的感情里走出来了呀。

真好。

三年前，陈佳按响我家门铃的时候，膝盖上擦破了一块皮，头发散乱着，左手腕扭伤了，右手还提着一个已经被扯破了的塑料袋。

被家暴了？

虽然陈佳的男朋友对她一直是很温柔的模样，但这确实是我第一时间闪现脑海的念头。

陈佳是我同事，恰好也租住在我隔壁的小区，算是半个邻居，来往也比较频繁。

她和她男朋友王伟是大学时在一起的，毕业分手季，大部分情侣都分道扬镳，但是他们两个认定了彼此，决定永远在一起，准备毕业就结婚。

这个决定使得陈佳家里刮起了风暴。简单说，王伟等于凤凰男，陈佳家虽然并不是富豪，但也算是二线城市的小康水平，就陈佳一个独生女，很害怕她嫁出去吃苦。

而双方家庭谈婚论嫁的细节，更是让陈佳的父母崩溃。王伟的妈妈说，我家本来就不富裕，如果娶个媳妇要我们砸锅卖铁，那这样的媳妇也不适合我们小伟。

王伟家的条件是，没车、没房、聘礼一万，你们爱结不结。

陈佳父母说，我们不是在乎钱，而是对方这种态度，你嫁过去就是吃苦的。但真的是爱着王伟的陈佳坚持要嫁，结果陈爸爸被气得血压突突突地升，直接进了医院。

等在急救室外时，王伟说，既然已经到这一步了，当然就要坚持到底，干脆把证领了。他说，佳佳，你相信我，我爱你，我们以后自己努力赚钱买车买房，我会给你全世界最璀璨的钻石，让你可以骄傲地向你爸妈炫耀。

而陈佳妈妈说，我不逼你们分手，但是我希望你们能等三年，三年后，再决定结婚的问题。

陈佳思考了很久，听从了她妈妈的意见。

陈爸爸出院后，陈佳追随王伟到了这个对她而言完全陌生的城市。

虽然结婚的事情横生波折，但他们的爱情还是很坚固的，对未来的人生也充满了信心，打算尽快买房子好结婚。

但首付必须由自己付的压力对于工薪阶层还是巨大的。王伟在软件公司工作了一年后，辞了职，和同事一起组建了一个科技公司。开公司必须有启动资金啊，王伟家的亲戚自然是借不到钱的，陈佳还找亲戚朋友借了一些钱，帮助王伟开始创业。

在王伟创业前，他的工资都是直接交到陈佳手里的，但开始创业了，事情就掉了个个儿，陈佳的工资全部直接划给王伟以维持公司，王伟按天给她零钱买菜，甚至想要买双袜子都得向王伟开口。

王伟创业开始，陈佳就忙碌起来。

虽然长得小清新，但陈佳骨子里是那种很独立的女生。忙完白天的工作，回到家里还要买菜做饭洗碗扫地，包揽一切家务，因为王伟是没有上下班时间的——创业，就是这么全力以赴，分秒不会离开电脑。任何一个QQ信息都可能是业务点。如果王伟很晚才睡，她也不会催他，自己先默默地睡了。有时候，王伟叫共同创业的哥们来家里聚会，她会很自觉地为他们准备好酒和菜，然后自己一个人到房间里去安安静静地看书。

我曾经说，王伟是上辈子做了什么好事啊，这辈子能找到陈佳这么好的媳妇。但陈佳说，他是为了让我能够过得更好，为了兑现在我爸病房外的诺言而逼迫自己前进的，我才是运气好的那一个人。

而运气好的陈佳，居然在大雨瓢泼的周末下午，像被家暴了一般，出现在我面前。

找出医药箱给她处理了膝盖的伤，往她扭伤的手腕喷过云南白药，我再煮了两杯皇家奶茶放在茶几上，然后问她：怎么了？

陈佳怔怔地发了一会儿呆，终于小声说，我去买菜，过马路的时候恍神，被车擦了一下。

她又说，妍姐，我太累了，我想和王伟分手了。

我一直以为陈佳和王伟的感情和现实，是让人心生佩服的相拥取暖、雪中互相为彼此暖热心口的炭火的模样，一如平时陈佳表现出来的那样幸福。

但旁人眼中看到的所谓真实，不过是旁人自己在脑海里演绎的故事，却未必是当事人的事实。

陈佳说，有那么多的不如意想说出来，想要改善，想要和王伟沟通，可是他永远都有一个简单粗暴的逻辑——"你不过是嫌我穷"——这样似乎正义有理的话语模糊了陈佳的感受，否定掉陈佳遇到的所有问题和无奈。

而她的心，是如何从最开始的满是期待和激情，到后来的只想躲避逃离，他无从知晓，也不想知晓。

两个人过日子，即使对对方再在乎，再爱，有些小摩擦小情绪也是会潜滋暗长的。若你对此放任不管，任其发酵发芽，盘根错节的纠结之后，这些小问题最终会在爱情里缠绕成一团乱麻，除了利剪，再无解法。

王伟是个在细节上异常讲究的人，怎么讲究呢？比如他坚持衣服手洗一定比机洗好，地板不应该用拖把而应该跪在地上用毛巾一寸一寸地擦，衬衫必须熨烫且线条一定要烫出来。

但他从不亲自动手。

我也曾经诟病陈佳太宠着王伟，租来的房子，好好爱惜就足够，为什么需要陈佳下班后跪在地上细细擦拭？洗衣机能让人轻松太多为什么不用？他不是号称创业吗？言必称马云当年如何落魄也创出来了，马云当年让老婆烫衬衫还仔细检查工整度了吗？

对于我的吐槽，陈佳惯例是温柔地笑笑，说，他觉得看着我做这些事情时候的模样，像是自己有了一个真正的家。

初时，陈佳也觉得，自己真的成了王伟的老婆，两个人终于营造出一个温馨的家了。

可是什么时候，开始觉得心里有着隐约的酸楚呢？又是什么时候，发现那酸楚已经累积太多，把爱情腐蚀出了正在蔓延的细缝呢？

大概是从寒冷的冬天，王伟在电脑上边玩着游戏边等着项目上门，而陈佳手洗完衣服，冻得僵硬发红已经失去痛觉的手怎么用力都拧不干王伟的大外套的时候吧。

也可能是陈佳生日的那天，王伟早起说了句"生日快乐"

后就再无表示，陈佳婉转地提出能不能出去吃顿饭时，王伟说
"你怎么这么虚荣"的时候吧。

还可能是拿着微薄的钱去买菜，算计着该吃什么才最省
钱，该买什么才最划算，平安夜想给自己买个苹果吃，但想到
王伟抱怨花钱太多，即使反复回到了苹果摊前几次，却终于还
是没有买的时候吧。

陈佳说着这些，语气平静，表情麻木，倒是我，眼泪居然
流了下来。

一个女孩子，每月赚得到五千元的工资，却卑微地在苹果
摊前一再渴望的心酸，看过卖火柴的小女孩的人，都能对此有
所了解吧。

王伟创业一年多，其实没有什么进项，就靠着陈佳的工资
过日子。当初让陈佳找亲戚借钱时承诺的归还日期早就过去，
他却像失忆一般，没有任何表示。

亲戚去找了陈佳的爸妈，他们用自己的积蓄替陈佳还了这
笔钱。

我妈妈过五十大寿，我都没有钱给她买点东西，甚至没有
钱买车票回去给她贺寿，她寿宴上，亲戚们问女儿去哪儿了，
我妈当时就哭了，还让我爸瞒着我，是我二姨告诉我的。陈佳
说，我知道日子必然艰苦，但是我没有想到会有这么苦，更没
有想到根本看不到头。我愿意陪着王伟贫苦一生，但是我爸

呢？我妈呢？我怎么去面对我的家人？我怎么能拉着我爸妈跟我一起吃苦呢？

可是，如果我现在离开，是不是就表示，我真的是个虚荣的人，不能和王伟同甘共苦？

我摇头。王伟不是没有对陈佳好的时候，但是这一点好，在他让陈佳受的委屈里，根本不值一提。

我说，姑娘，你已经过了勉强自己取悦他人的年龄区间，你该和他谈一谈，能不能去好好找份工作先妥善照顾好他和你的这个家。

如果不行，请让他滚。

陈佳和王伟还是分手了。

我开心地约陈佳出来吃饭庆祝。

是的，我特别期待陈佳能够摆脱王伟——真正的潜力股，即使一时失意，也不会把倾心相对的爱人榨取到尽，王伟不是。他不值得陈佳在他身边陪伴着他，不抱怨不诉苦，他根本没有把陈佳的爱当作他最珍贵的压箱宝，而是转换成了换取自己权益的消耗品，这样不懂尊重不爱护对方的人，就该随他去吧。我深信，陈佳值得更好的。

这个时候的陈佳，自给自足，心灵上和经济上都没有负担，享受一个人的自在，看起来整个人都有气色多了。

那曾经驱使她追求幸福却最终让她遍体鳞伤的所谓爱情，已经不再能够消耗她。王伟曾经承诺的"努力赚钱买车买房，会给你全世界最璀璨的钻石，让你可以骄傲地向你爸妈炫耀"，看穿了，不过是虚应陈佳的权宜之计而已。

钱不重要，车不重要，房子不重要，钻戒不重要，能不能向父母炫耀更不重要，重要的，是和你过日子的那个人的那颗心。

陈佳认识了一个男生，家境相仿，工作不错，对她也很好，情人节捧着九十九朵玫瑰站在公司楼下等她下班，惹得我们一帮长舌妇围观羡慕。

陈佳在朋友圈发了玫瑰的照片，和情人节旋转餐厅的烛光晚餐。王伟跟着特别矫情地发了条朋友圈，配图是一碗方便面，写着"爱情都是消耗品，而我不是富豪"。

陈佳这一次拉黑了他。

三年后，陈佳准备结婚了，对象不是王伟，但她说很幸福。

她说，我终于明白了，女孩子，千万不要用你的心去暖一块冰。

即使暖化了，化开来的水，也都不过是你的泪。

是的，爱情可能是消耗品，但你不是。消耗你的人，绝不会是超现实的英雄。他的所作所为只会刻着"自私"的印记，即使用爱情裹上糖衣成为伪装，也不过是国王的新衣，本质上的残酷和恶意绝不会改变。

所以，姑娘，千万不要和消耗你的人在一起。

无关虚荣，只关真心。

婚姻并不能拯救你的人生

有没有婚姻，真的并不重要。如果需要靠婚姻才能拯救幸福感，那么就算结了婚，你也一样不幸福。

过年回家，肆肆毫无意外地直面了三姑六婆七亲八戚的关照：对象找了没啊？已经快三十了就不要再挑剔了。年纪大了生孩子很吃亏的。工作再好也抵不上有个自己的家靠谱啊。不赶紧绑定一个优质男人怎么保证未来生活无忧啊？不养儿以后怎么防老啊？你这姑娘别不听我们的好言相劝啊，不然老了有你受的。

肆肆摆着礼貌殷勤的笑容伺候着，是是是、好好好应得痛快：一定尽快给您发喜帖哟。

关上门送走亲戚们，肆肆爹妈问：准备结婚了？

肆肆笑：哪能啊，静静姐还没离婚，我哪敢结婚啊。

静静是刚刚离开的意见最多的三姑妈的女儿，二十九岁相亲成功嫁了个三姑妈逢人必提的公务员女婿。

但三姑妈从来闭口不提的是，静静的老公只给钱养家，但不顾家，不带孩子，还外遇不断。

三姑妈像是根本看不到这些，女儿嫁得公务员，又生了个儿子，没有留在家里像肆肆一样成为亲戚间的担忧，已经足够让她有了骄傲炫耀的资本，至于女儿幸福不幸福，她好像不知道，也看不见。

有了这前车之鉴，肆肆的爹妈倒是不再催逼她赶紧结婚了，只是偶尔也念叨一下，遇到合适的，还是可以发展一下的。

肆肆没有告诉爹妈的是，她有对象，谈了五年。男朋友齐越是她大学同学，毕业后两个人同在一个城市，租了一套两居室，肆肆、齐越和房东商量后，自己进行了全新装修，把它布置得能满足两个人生活的所有美好需求。没有孩子，没有长辈，日子快乐又逍遥。

但两人最近分手了。齐越想结婚，肆肆不想结婚，拉扯良久，终于还是肆肆先失去了耐心。她说，我不耽误你，我们分手吧。

好友薄荷问她，你不爱齐越吗？

如果一定要分爱或者不爱，我爱他。肆肆说。但是爱一个人，一定要用结婚来证明吗？

这个问题，我也回答不了。就像齐越反问的，如果爱一个人，为什么不能用结婚来证明呢？

肆肆说，我理解齐越，他是独子，他妈天天催着他结婚生孩子过日子。但我，我不想要孩子，也不觉得结婚是件必要的事情。爱情，是两个人内心的东西，而婚姻有太多世俗的外在东西，它们滤出的渣子，会把爱情刺得遍体鳞伤。

分手后，齐越开始相亲。据说很快就相成功了一位淑女，已经把结婚提上日程。

薄荷说，你不觉得舍不得吗？

肆肆摇头：我以为我和齐越携手走过的岁月是不可替代的坚固感情的最佳保障呢，谁知道随随便便地我就被秒杀了，说不惆怅肯定是骗人的，但我们要的东西不一样。既然目标和感受不一样，即使一起往前走，走再远也总会遇到那个背道而驰的点的。不管怎么说，分手总比离婚压力小点吧。

可是你已经二十九了。薄荷说，如果一直找不到那个和你目标、感受都一样的人，是要到三十九岁还独身吗？

我只是不想三十九了还要面对不如我意的人生。太多人因为害怕改变，害怕过了这村就没这店，害怕未来遇不到更好的，于是不敢对自己有希望，于是宁愿将就，宁愿忍受，宁愿委屈自己的心。肆肆仰头看着明媚的阳光。她说，我不怕孤独终老，因为，即使会孤独，我却不寂寞。

齐越结婚前夜，发了条微信给她：她很好。但她永不是你。

肆肆把微信给薄荷看，笑容浅淡，像是讲一个与己无关的故事。她说，我同情齐越的妻子。我不明白为了得到婚姻，她为什么要忍受这么不公平的比较。我也不明白为什么为了得到婚姻，齐越要忍受这么不堪的爱情。

不过，所有的生活都是合理的，我们没必要互相理解。

肆肆说，我替齐越开心，真的。旁人看过去，他们应该会是一对非常相配非常和谐的夫妻吧。他们目标重合、方向一致，彼此都很清楚过日子靠的不是爱情而是感情。他们一定会有很可爱的孩子，应该还不止一个，然后像我们看到的大多数的夫妻一样，琴瑟和谐，举案齐眉。

求仁得仁，是为幸福。

绝无仅有的人生，请选择自己喜爱的方式生活吧。

肆肆把签名档更新成了这句话。因为说着这句话的时候，她总是会问自己——你心里真的没有一点阴影，蜷在你尽力忽视的角落吗？你真的不担心那块阴影膨胀蔓延，最终覆盖住你的生活，举步维艰吗？

每个人都想选择自己喜爱的生活方式。但从来就不是自己想选择，能选择的。

选择的自由，在于有没有基础。

简·奥斯汀在《爱玛》里有一段句子：我衣食无忧，生活充实，既然情愫未到又何必改变现在的状态呢。放心吧，我会成为一个富有的老姑娘，只有那些穷困潦倒的老姑娘才会成为别人的笑柄。

肆肆告诉自己，必须要有不会沦为笑柄的把握。她开始仔细地梳理和规划自己的生活。

一个人怎样优雅地面对老年后的生活？这个问题，似乎有人给了比较全面的回答：要有对旁人的热心建议和窃窃议论不在意的自信；要有在职业变动时能够养活自己的一技之长；要有足够的财务自由；要有自己的房子；要有全面的商业保险；要有自己的爱好；要有能在紧急情况下立即联系上并提供帮助的亲人或朋友；要有自己应对一切寂寞的强大的内心。

肆肆一条一条比对着，一点一点地稳固自己的优势。她努力工作，升职加薪，权衡了自己的优势和能力后，她考了NAETI证书，又开始考CATTI证书。

然后，她仔细考察，付首付买了一套小公寓，一室一厅，保安完备，地段理想。

三年时间，肆肆过了自己的三十岁，仍然一个人生活，却越来越觉得充实。

她有能养活自己的能力和稳定的工作，她有自己的专属的家，她有爱好，有朋友。最重要的是，她有坚定的心态，她明白自己并不是被"剩下"，而是主动选择了更让自己内心快乐的生活方式。

一个生活丰富充足，自己赚钱自己花的女生，在气质上就和那些甘于为了婚姻埋没自己的女生有了根本的不同。

肆肆的感情生活虽然暂时空白，却并不是没有人追。她的择偶范围比为了结婚而寻找男友的人宽了太多。比她小着六岁的小鲜肉、成熟的钻石王老五、合作单位的单身高管、旅游时遇见的驴友，都对她表示了好感和爱意，想约她吃饭，得提前几天预约排队。

有时候肆肆爹妈也会念叨几句该解决个人问题了。但他们的着眼点还是放在了怕肆肆一个人孤单寂寞上，而不是像三姑妈一样担心没有公务员女婿养家，闺女的生活质量就会直线降低到谷底。而过年过节遇到三姑六婆七亲八戚对于她个人问题的关照，肆肆依旧拿最殷勤的笑容伺候着，不反驳不辩解，礼貌周到，灵魂出窍。

真正人格独立财务独立的女生，其实对于剩女不剩女的，是不在意的。恐慌来源于对未知的不安，而当她自己就可以面对所有未知，且自信自己一定能解决任何骤变，就真的可以活得自由，爱得自我。

齐越发微信告诉肆肆他离婚了的时候，肆肆叹息了一分钟。

她回复了齐越一句节哀顺变。

齐越打来的电话在三秒钟后响起。他对肆肆说，你还是一个人吗？我觉得，还是你最适合我。

肆肆只说了一句节哀顺变，然后挂断了电话。

她把齐越所有的联系方式都拉黑了。

扔掉的东西，就是扔掉了。而会被扔掉的东西，本来也是不重要的东西。这个道理，齐越好像还不明白，但肆肆已经明白了。

曾经，她被齐越扔掉过。现在，她也觉得，该把过去扔掉了。

因为，不和过去说再见，就无法更好地奔向未来。

肆肆的未来伴侣，是一个有目标、有计划、高效率、有清晰的目光和定位的人。他是肆肆参加的CATTI证书考试特训课程的老师，把普通的白衬衫穿得如同十六岁少年般清俊，却又有着三十岁男人该有的成熟、稳重和智慧。

肆肆一开始就被他迷住了，但追求他的女生真是不要太多。肆肆环顾各种潜在竞争者，年轻过她的有之，美貌过她的有之，气质过她的有之，身材过她的有之，智慧过她的有之，家境过她的有之，热烈过她的亦数不胜数。肆肆并不妄自菲薄，但也不觉得有豁出自尊去争抢的必要。

即使他再优秀，抢回来的爱情，终究略苦涩了那么一点。

结果，反而是他主动向肆肆提出了约会，在肆肆完成课程的那一刻，他说，我和你已经不是师生关系，我没有职业道德需要遵守，请允许我约会你。

肆肆问，为什么是我？

他说，你身上有光。

肆肆说，我是不婚主义者，但我也是爱情至上主义者，你觉得矛盾吗？

他摇头，浅笑。

人的幸福感受，由情感幸福和认知幸福组成。情感幸福是你感觉到的自己幸福的程度，是感性认识。而认知幸福是理性认识，它是你衡量自己是否幸福的标准。不管哪一个，都取决于你自己的生活状态和生活态度，有没有伴侣以及伴侣是恋人还是配偶，并没有那么重要。重要的是，你知道自己想要什么生活，也能让自己得到想要的生活状态。

他说，你一定已经达到了这样的状态，所以，你是一个幸福的人。你的幸福来自你自己，而不是来自有没有婚姻，也不是来自伴侣是不是我。这样的你，让我着迷。

肆肆发了个微信：我装好投影了，要不要一起看个电影？

很快的，肆肆收到了微信回复：红酒交给我来选。

肆肆环顾自己的小公寓，低调精致，舒适温馨，一切一切，都是自己想要的，自己满意的样子。

有没有婚姻，真的并不重要。如果需要靠婚姻才能拯救幸福感，那么就算结了婚，你也一样不幸福。而如果你具备了自己幸福的能力，那么有伴侣还是没有伴侣，伴侣是让你开心还是不开心，你都可以平衡生活，过得如自己希望得那么好。

所以，最重要的是，让你幸福的能力，是自己保障自己，自己给予自己。你要清楚自己要的是什么，并为之付出相应的努力和坚持。

因为，幸福从来与人无关。

没有爱，要婚姻做什么

没有很多很多的爱，又没有很多很多的钱，那这个婚，我结来做什么？我已经过了三十岁了。我人生的一半，而且是最美好的永不复回的一半已经过去了，我不能再浪费了。

我去接沈冰的时候，距离我们约定的时间已经过了十分钟，沈冰并没有做好出门去参加同学聚会的准备，而是还在忙着整理客厅。她弯着腰拿着拖把一下一下地拖着地，后退时撞到了桌子的角。

她忽然扔掉拖把，大哭起来。

我赶忙冲过去把她扶起来再让她坐到沙发上，一边给她揉腰一边问：很痛吗？要不要去医院？

她摇头，哽咽着说，并不是痛，而是实在压抑不住了。她说，我最近一直在想，我是怎么样一步一步地，把我的生活走到这样的绝路的？

我看着沈冰并不像黄脸婆的脸上满溢的泪水，想起十六岁时站在夏日正午的阳光里，对着篮球场上的郑凯大声说"我喜欢你"的样子，真切地感受到了时光荏苒的重量。

郑凯是沈冰的初恋，也是她人生持续最久的一段恋情。和郑凯分手后，她和她现在的老公谈起了办公室恋情，两个人交往一年后，结婚了。

我记得她在婚礼前夜的聚会上对我说，她非常感激她老公，因为他扔给了她一根救命的绳子，拖着她爬出了永无止境的孤单心痛，从此另一种不同的人生开始变成可能。

可是一年后，她坐在属于她的家里失声痛哭。

在旁人眼中，沈冰的老公是个实打实的好男人好老公。他憨厚，踏实，工作稳定，不会跟小姑娘眉来眼去，还会给沈冰做饭。

但在沈冰看来，她老公对生活缺乏最起码的热情。他下班回到家，做好饭吃完之后筷子一扔，就去书房对着电脑到睡觉。他不做家务，不收拾东西，最习惯把东西随手一放，堆在一起，要用的时候再去翻找，翻完之后再随手一扔。沈冰收拾了屋子，试图让家里变得整洁，还被他说穷讲究，影响他的生活。

最让沈冰痛苦的是，他拒绝和她沟通。沈冰是抱着两个人琴瑟和鸣地过日子、老了也能牵手共看夕阳红的想法结婚的，结果蜜月还没过，她就发现，他要共度余生的是手机和电脑，至于有她没她，对他不重要，只要在亲戚朋友那里有"负责任地结了婚，好好在过日子"的既定印象，她就没有其他意义了。

他和沈冰的三观也有很大的区别，结果就是任何话题，一旦认真，他们就会杠起来，看个新闻他们都能因为世界观的不同而争吵，聊天等于展开一场损耗心力的、为了反对而反对的活动。

沈冰试图改变这种情况，她找他谈，他闷声不响地听着，听完了起身去电脑边坐下，第二天依旧我行我素。沈冰再找他谈，他就不再心平气和，而是开始甩脸色，不耐烦，吼她矫情。

两个人连基本的沟通都封闭掉，家就成了一个巨大的活死人墓。沈冰失去了对家庭对婚姻的安全感和热情，也开始封闭自己，和老公基本零交流。

她就想不明白，她结婚什么都没要，老公家也什么都没给，房子是老公父母的名字，工资两个人差不多，日常生活支出由老公负责，沈冰就自己买花自己戴。结果老公常常说她败家，说她爱花钱，说他养着家而她毫不感恩。

最近让沈冰心塞的是，老公开始念叨，她陪嫁没有陪一辆车。他总说他们同事谁的老婆家有钱，丈人负责买房买车把女婿供起来倾情奉献，他却连一辆车都没有。沈冰气哭了说多少姑娘要求男方有车有房才肯嫁呢，结果她老公说，那你去找有房有车的啊。

沈冰说这日子没法过了，她父母倒劝她，老公又没打她没虐待她，还肯负责养家，能忍就忍吧，已经嫁了，就学会知足吧。现在离过婚的男人比离过婚的女人吃香多了，沈冰离了，是残花败柳的大婶，而她老公还是小姑娘眼里的鲜活大叔呢。

有人说过，婚姻等于二次投胎，多少好妹子选错了。沈冰变得常常问自己，是自己不够知足吗？后悔结婚吗？现在这样毫无盼头和热情的生活，真的是自己想要的吗？如果不是，她有勇气解脱，敢面对离婚吗？

失恋后的她迫不及待地开始一段新恋情，以为找到了逃离孤单的救命绳索，却不过是一根稻草，当它最终折断时，再跌入的，是更黑更无望的深渊。

同学聚会，沈冰终究擦干眼泪后去了。和多年不见的高中同学言笑晏晏，看不出不久之前，她恸哭烦乱无助的影子。

人生本来就是可以装得很假的。大部分人都是超越职业演员的，能演出一幕幕光鲜亮丽以掩盖穷形尽相，却不去细想为什么要粉饰太平，也不敢去想。

过了几天，终究是不放心，我约沈冰见面。

一改几日前的颓废，她整个人都不一样了，容光焕发，春风得意。

以前她从不穿太鲜艳的衣服，在她那个以安全稳重为第一要务的单位，着装的准则是端庄保守。这几年来，我是第一次见到沈冰穿玫红色的衬衫，配着黑色的伞裙，腰线完美地被勾勒。她的妆也比往日要浓上五分，和她眼神里的晶莹光芒倒是很相得益彰。

怎么了？你老公痛改前非，重新经营你们的婚姻了？我八卦。

她说，我想通了。

我以前觉得过日子当然安稳第一，找个老实本分的人就已经比很多人幸福了，但是现在我发现，亦舒那句话说对了——没有很多很多的爱，又没有很多很多的钱，那这个婚，我结来做什么？

她撩一撩头发，继续说，我已经过了三十岁了。我人生的一半，而且是最美好的永不复回的一半已经过去了，我不能再浪费了。

怎么个不浪费法呢？我看她。

她说，我要改造我的生活，我要重新找到爱情，还要去体会那些生活里闪光而美好的东西。我不会再让自己困于家务，我要重新开始制订阅读计划，每个月都要看几部新的电影，要去学瑜伽，保证自己的健康，要学烘焙，能够自己做出好看又好吃的东西，我要让自己的精神饱满活跃，不再因为婚姻的苍白而甘于心灵的贫瘠干涸，我会成为一个精神丰富，内心饱满，外表精致的成年女性。

这样很好，有目标的人总是比较快乐，比较精神焕发，被困在苍白婚姻里的沈冰并不幸福，她确实需要改变。但我总觉得，沈冰的立意改变里，有着更深沉的欲望和理由。

忽然的转弯，一定有着诱因和触发点，我虽然不知道是缘于什么，但是她要丰富自己是没错的。

爱自己，什么时候开始都不算迟。如果生命里的光源被隔断，就自己砸开隔绝光源的屏障，找到自己的流光溢彩。

后来我知道，沈冰是恋爱了。

她的对象，还是郑凯。

在同学聚会上，沈冰和郑凯在分手两年后重逢。使君有妇罗敷有夫，但这并不妨碍两颗心里还未完全化成灰烬的爱火又复燃。

活到人生的一半，感觉到现实的惨痛和失望，被困于无聊的婚姻，以为已经失去爱的能力和投入去爱的机会，却和人生最初最真最忘不了的人重新拾回心动，这个概率我不知道有多小多珍贵，但我总觉得，即使现实苍白，有些原则，还是应该遵守；有些教训，还是不该遗忘。

曾经因为郑凯而逃入一段错误婚姻的沈冰，却忘了自己面对爱情和爱情之后的伤害时多盲目。她和郑凯在聚会上交换了微信之后，几乎半天都没有空白，就开始了你来我往的联络交往，轰轰烈烈地燃烧起来。

我认同沈冰因为爱情而想要让自己更好地改变，但是我不能认同她和郑凯的婚外恋。即使沈冰认定这才是真爱，隔着人海再度重遇就是缘分。

可是缘分也得分好的和不好的呀，好的缘分，那叫桃花运，不好的缘分，就是孽缘啊。再惊天动地不可分割的爱，中间来杂了另外的人的人生和尊严，就是孽债。

但沈冰不听。她被失而复得的狂喜绑架了，决心要守护住这一次的缘分。她找回了早已失去的岁月，那曾经以为再也不可复得的花好月圆。所以她努力让自己变得更好更美，以完满曾经失去的缺憾。任何质疑和劝阻她和郑凯的话，她都听不进去，她又一次盲了眼盲了心。

她说，我已经失去太多了，人生也该补偿我了。如果没有结果，我们为什么又要相逢呢。

我也只能无言以对。

沈冰和郑凯的这段关系持续得比我以为得久，但却也没有久到白头。

两年三个月后，沈冰问郑凯，你什么时候离婚？我们什么时候结婚？

郑凯说，你先离，我马上。

沈冰把这太过于常见的推诿之词当作了承诺。她效率超高地离了婚。除了自己婚前的存款，她什么都没要。

在民政局签完字，离好婚，回到家里后，沈冰去收拾自己的东西，而已经成为前夫的老公照例泡了杯浓茶，打开了电脑。没有孩子，她和前夫就像偶尔撞了次车一样，走过理赔程序之后，甲乙双方就再无关联，热烈过然后相隔整个人海，永不相见。

沈冰看着他的背影，感觉到了解脱的轻松，而没有曾经所担忧的离婚后对现实的恐慌。她有郑凯，有越来越光鲜亮丽的自己，有理想的婚姻和未来。

可是当沈冰欢喜地告诉郑凯她已经离婚，询问郑凯准备什么时候和自己结婚时，郑凯说，我和我老婆的娘家在工作上、经济上都盘根错节，我还有个儿子，你是不是太轻率了？

沈冰哭起来，郑凯摔了门，走了。

不是所有的久别重逢都是纯真爱情的倒带。我们都曾经是旧时光里最诚挚真心的少年，然后我们长成了大人，所谓的初心还留下几分，谁也不能保证。

十六岁时可以为你捧着玫瑰和真心风露立中宵的人，不见得三十六岁时就一定不会为了自己的利益而把你卖了。

什么都会时过境迁，唯一恒久远的除了钻石，还有记忆里过度美化的旧爱。但他只能存活于你的记忆里，隔着时空和时光鲜艳。如果穿越到已经物换星移人事已非的现在，只会像长久夹在书里的枯叶，一碰就碎，风吹过，就散了。

沈冰想起十六岁那年夏日正午的阳光里带着篮球三步上篮的郑凯，那光线这么多年依旧刺在她的瞳孔里，一想起来，眼睛就会酸涩到泛出水光。上篮，投球，得分。篮球从篮筐里落地，弹跳几下，发出巨大的孤单的声响，像她的心碎声。

若不能朝夕厮守，谁要那春风一度。

沈冰和郑凯再一次断了联络。失而复得的爱情，又得而复失。

郑凯像一个天赐给沈冰的骑士，带着她冲破桎梏，却最终显出了原形——他也只是一根稻草，被沈冰误认为能把她拉出婚姻泥潭的救命绳索般的稻草。

沈冰从此再也没有提起过郑凯。她也没有提起过前夫。最重要的是，她没有再像从前一样盲目，随手去捞救命稻草，试图以别人的力量来挽救自己的寂寞。她终于明白，如果自己的心不够坚强，那么问题是不会解决的。要从一段已经结束的关系里走出来，最重要的是心有没有留在过去，如果心不自由，过去就还没有过去，那些曾经会一直一直绑架你，影响接下来所有的路。

　　她给自己划定了一个空档期，为期十五个月。在这段时间里，她不再把关注点放在爱情上，试着一点一点地和孤单的自己相处、相亲、相爱，最终完善自我独立所需要的那一部分。

　　她去旅行，像自己曾经计划的那样，制订阅读计划，每个月看几部电影，学瑜伽，学烘焙，还学了韩语。

　　渐渐地，她发现一个人的时光，并不是那么寂寞到让人发狂的空虚，反而她越来越享受和自己相处。静下心来，她把过去全部扔掉，端正态度，重新开始生活，成为一个精神丰富、内心饱满、外表精致的成年女性。

　　三十五岁时，离婚单身的沈冰身边，有了一个有着英俊面容又不失幽默睿智，能赚钱又会享受生活的金融优质男相伴。

　　但这一次，沈冰没有急着结婚，她已经不需要用能不能嫁出去来确认自己的价值。她不再期待生命给予自己回报。想要的，她知道自己可以一点一点去靠近，去得到。

就如李银河所说，如果你很想结婚，那就不一定非要等到爱情不可，跟一个仅仅是肉体的朋友或者仅仅是精神上的朋友结婚也无不可；如果你并不是很想结婚，而且一定要等待爱情，那你内心要足够强大，要做好终身独身的准备，因为爱情发生的概率并不太高。

寂寞不是心态，寂寞是人生的常态。

而，谁能许你长相守？

终此一生，最可靠的还是自己。

唯有你，方能许给自己最好的光阴，和永不背弃的欢喜。

爱错了不要紧，重要的是别一错再错

　　人生总是如此，要走过许多路，摔很多次跟头，才能突然悟透一些很简单的道理。比如感情无须咎责，从无对错，只有甘不甘心。

　　每当有人或假意或真心地问起童童怎么成了大龄剩女时，童童总是潇洒地笑一笑，又耸耸肩：没办法，我爱过一个极其精彩的人，起点太高了，后来遇见的凡人，哪儿入得了我的眼。

　　非常冷艳高贵的样子，惹得八卦之人想追问却又不好失了风度。

久而久之，公司内部传言出童童的前男友是某个当红男明星，还有模有样地形成了一个相遇相爱被经纪人和fans棒打鸳鸯的故事。

童童听不到看不到旁人议论什么，她根本不在乎。照旧把自己打扮得干净大方，精气神十足，每天准点上班，努力工作，开会前两小时一定做好关于会议的所有内容和延伸内容的准备，要出差拉起旅行箱就能立时出发，遇到要背要扛而周围无劳力时，也可以一卷袖子自己上，年假拿了就往欧美著名美术馆充电，简直是完美职场女性的典范。

且童童从不在工作中推卸责任，无论她负责的项目出了什么问题，她绝不把过错推给他人，即使确实是她领导的成员犯错，也统统都被她认作是自己的错，然后仔细研究，认真总结，精益求精，永不再犯，所以想要加入童童所在项目的人，真不在少数。

虽然大龄未婚的女性在职场里遇到的各种隐形障碍和升职阻力确实存在，但童童仍然是让上层不得不叹服其工作能力的一个，加上佳偶难再得，所以短期内她也不会因为结婚生子影响工作的想当然的潜在想法盘踞在众人的认知里，所以童童在公司升得不算快，却也并不慢。

新年过完，回到公司，童童立刻被要求负责一单竞标，副总对她说，这是公司今年最重要的一单项目，你一定要赢。

看着项目介绍上其他几家竞争公司的名称和负责人，萧中言三个字赫然在目。童童笑了。她说，我必然会赢。

童童认识萧中言时，刚入职场，对自己拿到offer，可以进入业内业外都赫赫有名的公司工作十分得意，相信人生的春暖花开近在咫尺，唾手可得。

看多了小说和剧集，少女心里难免装着对霸道总裁的憧憬。萧中言虽然不是总裁级别，但好歹也是公司中高层，说话很有分量，年薪七位数，出入有奥迪，工作中要求严格，私下里却温情脉脉，英伟又讲究品位的成功男人，简直不能让少女不仰慕。

实习期刚过，童童就遇到了对当时的她来说等同于末日的事情——她所在的项目组递出的标书，在总金额上错了一个小数点，有可能对项目造成致命的损失。

知道这个消息时，童童和同组的人一样不知所措，但更让她意想不到的是，项目经理给出的处理结果，是童童负全责。

童童蒙了，拟的人不是她，检查的人不是她，形成到递出经过了七八个人，最终责任却由只是机械地把标书输入电脑的她来承担。她满腹委屈，欲哭无泪，却又不知怎么申诉。

心慌到手都在发抖的童童打算越过做决定让她负全责的项目经理，去找更高一级的部门主管申诉时，在主管门前遇见了恰好经过的萧中言。

萧中言拦住了她，知道原委后，第一句话就是，以后不要越级投诉，后果会比你写错标书更严重。

他要童童回去工作，不抱怨，不声张，不投诉，不辩解。

最终甲方退回了错误的标书，表示可以重新接纳更改过的内容。时过境迁，谁也不再提童童背的黑锅，项目经理像是任何事情都没发生过一样，照旧让童童做着项目助理该做的工作。

后来童童才知道，萧中言动用了私人关系，追回了标书，替她解决了危机。

那是她第一次见识到职场里人和人之间的互相碾轧，彼此利用，也是她第一次了解，人脉有多重要，职位代表的并不单是地位，能够带来的也并不只是薪水。

她有些害怕，日日感觉如履薄冰，不苟言笑，对工作再无万丈雄心。

后来萧中言对她说，你太单纯了，要不是我替你保驾护航，你被人卖了还不知道怎么办呢。

是童童主动约的萧中言。她邀请他吃饭，以报答他的相助。

萧中言选了一家五星级酒店的西餐厅，牛排端上来，他亲自细细地切好，再把它推到童童面前，同时轻描淡写地说，可是，我愿意一直替你保驾护航。

第二天，萧中言把童童传唤到他有着巨大落地窗，能够俯瞰这个繁华城市的办公室里，用公事公办的面孔对她说，晚上八点到喜来登二楼宴会厅陪我一起出席一个晚宴。

我？

童童迟疑。

她不过是公司最资浅最底层的小助理，陪伴萧中言出席活动，就等于给人以无限口舌的机会。

萧中言笃定地点点头，说：我已经和你的项目经理说过了，你去参加是他提议的，这次主要是和曾经出过标书问题的甲方应酬，见面三分情，既然认定责任在你身上，你就去当面低个头说句抱歉，这件事就算彻底揭过了。这对项目以后的运行是好事情。

他递给她一张信用卡：下午你去买能出席晚宴的礼服裙，不要选择标新立异的款式，也不要挑过于艳丽的颜色，自己拿不定主意就向店员请教，她们知道怎么样装扮最得体，快过你去找专业的造型师。

童童只得点头。萧中言说：卡的密码是你生日。

说完，他示意童童可以出去了，而他表情专注地开始处理工作文件。

他是一个行事高效率，对工作有准确目光和清晰定位的人，更有一种历练过的成熟气质和举重若轻的职场智慧，童童看着他埋首于工作中的样子，心里的倾慕正式升了级。

晚宴很成功，甲方的负责人非常大度地对童童表示不要介意，而童童明白，那全是因为给萧中言面子。

萧中言把童童送到她家门口后，童童把信用卡还给萧中言。他摇摇头，笑了，他说：你留着用，女人一定要善待自己。何况，是我喜欢的女人。

他对童童扬手say goodbye，一踩油门，车子绕出一个漂亮的弧度，很快消失在车流里。

童童盯着他离开的方向，心慌意乱之外，又有止不住的粉红色的小泡泡在心里不断升腾。

她当然知道萧中言已婚，她在公司的年会上见过萧中言的太太，漂亮、高傲、冷漠，看得出家世良好，但不平易近人。

萧中言从不像那些猥琐男人一样，藏起婚戒，满世界张扬老婆不理解自己。

他只是在评价别人的婚姻时，偶尔说起婚姻和爱情是两回事，多豪华的婚礼也不代表婚姻幸福，终生相处是否融洽与有多少资产毫无关联。两个人要相处一辈子，一定是要有爱的。而很多人并不相爱，却可以相处一辈子。

看透世情的话，和他略带点忧伤的眼神，很容易就让童童明白，他的婚姻，并不如大家以为的那么幸福，他的苦，无人能诉。

防不胜防的感情仿佛更加荡气回肠。即使知道有些事情并不能容于正确的社会规范，有些线跨过去就是犯规，但童童依旧带着仰慕和心疼，成为了萧中言婚姻之外的女朋友。

那段时间，童童在公司顺风顺水。萧中言在工作上有独特的经验和智慧，他私下指导对工作失去信心的童童如何提高职场耐受力，如何领悟丛林法则，如何增加职场生存力。有他幕后指点掌控局面，童童的两分功力发挥成五分，三分努力换得回八分场面，经验值噌噌噌地增长，变得越来越被团队认可和器重。

也因此，童童对萧中言更多了一份崇拜。

这段隐秘的关系没有维持多久。半年后，萧中言的老婆出现在公司里，她走到童童所在的大办公室，一杯水泼在了隔壁项目组比童童先进公司一年的前辈脸上。

前辈涨红了脸，气势却弱，她哭着说，萧太太，我会和他分手的，对不起。

在周围窃窃私语的人声里，童童觉得那杯水根本泼在了自己脸上，烫伤了她的自尊，烧得她心跳过速，头脑混沌。

萧中言曾经对她说，要不是我替你保驾护航，你被人卖了还不知道呢。

结果最终卖了她的，居然是他。她以为自己就算不是唯一，至少还是第一，却原来从一开始这段关系就不存在善意，她不过是萧中言丰富自己生活的一场游戏中的小角色。

心态萝莉的小女生轻易被阅历丰富精于算计的大叔迷惑的故事从来不少。年轻小女生刚刚得以一窥五光十色的社会，很容易只看到流光溢彩的部分，却不懂光怪陆离之下深沉暗黑的本质，所以或多或少都被算计被绊倒过，只看各人运气如何，踏入的陷阱是深是浅，卷入的风暴是大是小，失去的是爱情还是信任而已。

没有谁能替你保驾护航，唯一能够保护你的，只有你自己。

童童没有去质问萧中言，也没有歇斯底里。她辞了职，把那张信用卡快递给了萧中言，跳槽到了和原公司一直竞争的公司，做着比原来更低的职位，拿的薪水远低于萧中言给她的信用卡的额度。

人一定要受过伤才会沉默专注，女人一旦死了心就有无限可能。时日过去，童童成了完美的职场女性典范，但她没有再恋爱。

她也不是没打算敞开心门迎接爱情，但撇去人品层面来说，遇到过萧中言，她对另一半定下的起点就真的会变得很高，她后来遇见了很多不错的男生，但他们都不是他，她的心没有悸动。

不爱就不要勉强去爱，童童对于爱情的空缺并不深以为憾，时至今日，她的心并不怕孤独。

对于工作，童童早已不像曾经背黑锅的小女孩一样心存犹疑，她知道自己花了多少心力，会有什么回报，一切都可以掌握。所以一如童童料想的，她们的竞标大获全胜。

走出竞标会场时，童童遇见了萧中言。

他犹疑了一下，终究还是走了过来。旧情人隔着几年的岁月相见，却并不像电视剧里演出的那么温情脉脉，余韵不断。萧中言的表情带着几分不甘，又有几分不忿。他说：你终于把我踩在脚底下一次，很痛快吧？

童童认真地看着萧中言的眼睛，然后，她笑了。她带着笑容摇了摇头，转过身离开，没有和他交换一言一语。

她不是没有设想过再遇见他的场景，她也不是没有计划过赢了他要说些什么来一扬心里的怨怼。但在终于和他面对面时，她才发现，自己根本不在乎这个人了。

人家常说，比伤害过你的人活得好就是最佳的报复，童童也一直把这条奉为圭臬。她奋力追赶萧中言的背影，在落后了很多的跑道拼命发力，直到终于和他并驾齐驱的时候，她才发现，她不在乎，她打心底对他冷淡，不想为他动用一点一滴的情绪。

原来，活得好是对自己最佳的报偿。而对伤害过你的人最佳的报复，是你根本不在意他的好歹，不关注他的死活。

她爱过他。在当时总是值得的。

而后来，已去之事不可留，已逝之情不再恋，若留若恋，她就没有今天。

让童童笑出来的是，这么近距离地客观地打量过萧中言后，她才发现，他和她记忆里那个完美的男人好像有了出入。他没童童记忆里那么高，那么英伟，那么神采飞扬意气风发，他失去了即使残酷也让她迷恋的气质。人们往往只相信他们愿意相信的事，而在童童少女粉红色的星星眼里，是她替他调了光，添了彩，堵住了别人入她眼的机会。

走出停车场的电梯，一起来投标的同事杨昊已经把车子开到距离她最近的位置。

杨昊比童童早进公司，从不吝啬对童童的欣赏。在如今童童已经变成童姐的公司里，杨昊倒是还常把她当作那个刚加入公司的小丫头，诸多关注。

童童曾经调侃过他，你没听过我前男友是某明星吗？

杨昊说，江湖传言能靠谱吗。就算是真的，那也是前男友啊，我有信心我会是最好的现男友。再说了，谁没有过去啊，我还觉得我前女友是林志玲呢，但分手了，她对我就从林志玲变成了林志颖，依旧是很精彩的存在，但我是直男，所以再也不可能了。

童童倒是挺欣赏他这份乐观和对感情干脆利落的处理态度，但萧中言留下的影子太长，挡住了所有的浪漫星光。

杨昊一如往常地下车，打开副驾驶座的门，用手垫在车门顶端以防止童童碰到头。待童童坐定，他也系好了自己的安全带，点火，问：你是直接回家呢还是回公司？

默然了一会儿，童童说：帅哥，跟我约个会呗？

杨昊一边沉稳地开着车，一边笑，他说：美女，我早就备案了N个想要带你去一尝美味的好馆子，这下我再也不担心它们挨不到你去品鉴，就关门歇业了。

是的，时间这么快，人生这么短，一旦发现失误，立刻止损离场另辟蹊径才是正确的态度。

人生总是如此，要走过许多路，摔很多次跟头，才能突然悟透一些很简单的道理。

比如感情无须咨啬，从无对错，只有甘不甘心。

凡事过去了算数，最重要是努力向前看，选择自己感觉最愉快的路。

童童决定，自己是时候开始另一段美好的关系了。

至于这段关系的未来是康庄坦途还是穷途末路，童童并不忧心。行过的荆棘丛中开出的花朵，就是人生的意义。

她不怕失败，也不怕挫折，不怕痛更不怕重新来过。

她明白，生活一定充满失望，但她是自己恒久的希望。

谢谢前男友的不娶之恩

　　每个人都曾经是天使，然后在某天，为了自己的
爱人，降落人间。从此为了爱情哭，为了爱情笑，为
了爱情奉献一切的美好。

　　傅桢桢第一次见到宋品佑，是在Napoli。

　　Napoli是位于超五星级酒店二楼的西餐厅，会所制，就算
有钱，没有一定的社会能量和地位都无法订到位。

　　这样需要财富和地位作为门票才能一探究竟的地方，在认
识宋品佑前，她从未踏过足。

　　走进Napoli，早有服务生迎上前来。报出宋品佑的名字，

便立刻殷勤地把傅桢桢向景观最好的窗边的位置请去。周胜伟坐在宋品佑对面，笑容堆满了脸，和领着她走向宋品佑的服务生一样，殷勤十足。

看到傅桢桢，宋品佑很有风度地站起来，对她伸出了手。

傅桢桢礼貌地和他握手，眼睛却看着周胜伟。周胜伟早和她说过，宋品佑家里有钱，又对艺术有兴趣，他答应帮周胜伟开画展，但需要很像他已经去世的初恋的傅桢桢去做他的助理。

傅桢桢觉得这种交换有点没骨气，但周胜伟不这么觉得。他劝傅桢桢，宋品佑是个有分寸的人，不是暴发户般的"富二代"，他要傅桢桢就把宋品佑当成哥哥，顺利办完画展就再无交集。

傅桢桢并不在乎周胜伟是不是成为名利双收的大家，但她明白，周胜伟有他的自尊。

周胜伟从美院毕业后就一直潦倒，就是因为他的资源不够。这个世界看起来遍地黄金，到处是机会，但都是玻璃天花板之上的，站在玻璃金字塔底端的他们，不能不屈服。

傅桢桢爱周胜伟。爱到可以抛弃一切的程度。她曾经听过一个故事——

一个天使为了她深爱的人降落凡间，当同伴问她如何回去时，她说：我已经不需要那对翅膀了，因为我有另一双翅膀。

于是她失去了翅膀，却拥有了人类的心。

每个人都曾经是天使，然后在某天，为了自己的爱人，降落人间。从此为了爱情哭，为了爱情笑，为了爱情奉献一切的美好。

为了爱情，为了周胜伟，傅桢桢不怕失去天堂，不怕失去纯白。她只害怕他不爱她。

宋品佑的办公室在37楼，对面没有更高的建筑物阻隔，整面墙用的都是落地玻璃，常常让人有接近天空的错觉。阴霾的雨天，云层厚重而压抑，仿佛就在头顶。

傅桢桢端着泡好的咖啡，放在宋品佑宽大的写字台上。她问宋品佑，到底什么时候才会开始画展的相关工作。

也不能怪她不够恭顺。宋品佑对任何关于画展的要求都一口答应，仿佛最好的时段最贵的场地最有气势的宣传对他而言都不过是轻而易举不值一提的事情。他只提了一个要求——直到画展举办为止，傅桢桢必须当他的秘书，协助他进行画展的筹备工作。

周胜伟一口答应，傅桢桢也觉得自己能够协助周胜伟的画展举办是件非常好的事情，一来可以监督宋品佑对画展的投入是不是符合承诺，二来她也可以学习到很多，等下一次周胜伟再举行画展，自己就驾轻就熟了。

但是从她辞去旅行社的工作，成为宋品佑的秘书都已经过去了一个多月，画展的事情丝毫没有进展，她每天的工作就是给宋品佑泡咖啡，然后陪着他每天去各种店里吃午餐、晚餐。

我们去每家店吃饭，不就是考察画展当天现场选用的食物吗？宋品佑说，我家人也都不在国内，一个人吃饭太孤单了。

他又说，当我听说了你和周胜伟的爱情故事后，我甚至有点羡慕周胜伟。我从来没有遇见过这么爱我的人。一次也没有。

傅桢桢想，自己和周胜伟的爱情，其实也没有多么与众不同。

只不过是她爸妈反对她和一心想做画家，立志用画画来安身立命的周胜伟在一起，所以大学一毕业，傅桢桢就跟着他离开了家，来到了这个繁华到远超过他们想象的地方。当年爸爸发狠说，她要是跟周胜伟走就永远不要回家，所以她也就真的一直没有回过家。三年了，她和父母完全断了联络。

每当想家时，周胜伟都会用力抱紧她说，傅桢桢，你有我，你还有我。

所以即使每次面对宋品佑，她都觉得是在逢迎，在奉承，在出卖自己讨好他，在牺牲自尊换取利益。但这些不甘，最终能换来周胜伟的成就，那就够了。

是的。傅桢桢想，她有周胜伟，她有爱，有永恒。

但宋品佑轻易地就打碎了傅桢桢的永恒。

想象力再丰富，傅桢桢也无法想象自己会看到这样不堪的场景。

坐在咖啡馆的窗边喁喁细语的两个人，只要是恋爱过的人，都能看出他们之间绝对不寻常的亲密关系。

那两个人，一个是周胜伟。

那个女生是谁？坐在宋品佑车的后座，透过车窗玻璃盯着自己男朋友和另一个女生的亲密举动，傅桢桢无力地问。

陈依露。她家有点钱，在艺术界也算有点影响力。宋品佑回答。

这一点说明，已经足够。

傅桢桢一直都相信周胜伟不缺才气。但是他的才气，在冰冷的现实里，却绝对需要资产来作为踏板。所以，他不单献出了傅桢桢，还献出了自己。真像是一个拙劣的玩笑。

周胜伟很聪明，至少他没有吊死在一棵树上。宋品佑的声音毫无情绪动荡。所谓爱情，无论曾经如何轰轰烈烈、感天动地，结果也不过是从爱到更爱，或者从爱到不爱。看来，你在周胜伟这里的运气不太好。

他的嘴角有一丝冷淡的笑容，他在做一个最轻松的旁观者。

那个瞬间，傅桢桢觉得宋品佑才是最可恨的。他冷眼看着她的伤痛，嘲笑周胜伟的卑微。

傅桢桢想，如果宋品佑痛快地完成了对周胜伟的承诺，如果他不夺走她陪伴周胜伟的时间，他也许就不会离开。她和周胜伟，根本就像是他闲得无聊而下的一盘棋，输或者赢，都痛不欲生，但这痛却不在他身上，伤痕累累的都是有求于他的，卑微的其他人。

车子启动，她闭上了眼，让眼泪淌过脸颊。

傅桢桢没有想到的是，周胜伟先向她提出了分手。

除了一句反反复复的"对不起"，他没有任何解释和分辩，他像是已经决定了她必须接受这样的现实，必须接受，他不再和她共度余生。

他跟傅桢桢说，要是不喜欢在宋品佑那里工作，就辞职吧。反正他已经和宋品佑签了合约，要是现在反悔，宋品佑会很麻烦。

原来她的委屈，她的不甘，她牺牲自尊换取的，不过是周胜伟和宋品佑的一张合约。

所以爱情，大概就是这样。开始的时候，总是美好得一如神仙眷侣天赐良缘，慢慢地，时间过去，负面逐渐展现出来，才发觉一切不是想当然的那么一回事，想象总是比现实美好得多。

傅桢桢崩溃了。她问周胜伟：你就这么走了，以后呢？我怎么办？我难道还能回家去吗？

周胜伟说，你回去吧，我想你爸妈未必真的会把你赶出门。说完这样的话，他离开了他们共同的家。

门关上的声音并不大，但落在傅桢桢耳里，分明就是全世界坍塌崩溃的声响。

世界是这样荒凉广阔，她却只有自己一个人，即使再害怕，茫然四顾，也找不到任何依靠。

她和周胜伟，相遇到相识、相知到相爱、过去到现在，以为一生都在彼此身边了，但这一点一滴的堆积对他来说，原来是随时可以抛下的存在。

从前，每当傅桢桢想家时，周胜伟都会用力抱紧她说，傅桢桢，你有我，你还有我。

可是，言犹在耳，君心已变。

傅桢桢以为自己再也不会和宋品佑有任何关联。但这个世界，有时候就是现实得让人无力。

周胜伟已经有了其他的归宿，他在这个繁华的城里找到了最好的位置。那是傅桢桢绝对不能给他的。而她终于不得不承认，自己已经像无用的垃圾，被毫不留恋地扔掉了。

当发现自己身无分文，下个月的房租毫无着落，甚至连下一顿饭都不知道怎么去获得时，傅桢桢终于体会，人类挣扎求生的欲望，有多么强烈。

她不得不为自己打算。人啊，总得活下去。现在的她，需要一份工作，需要收入，更需要在恰当的时候，狠狠地报复周胜伟，以让自己落入炼狱的心得到安宁。

而宋品佑，是傅桢桢最快捷的一张门票。

她回到宋品佑的办公室，像是什么事情都没发生过一样，继续给他泡咖啡。

但是宋品佑说，周胜伟的画展开完后，她就不用在他这里工作了。

他对傅桢桢说，你现在被逼到了绝境，需要救命稻草，但我宋品佑还不至于为了找个女朋友，而逼人卖身。我虽然很喜欢你，但是我不需要一个口是心非的女朋友，勉强把你留下来是自讨苦吃，你不会给我你的真心，所以我不能不放弃你。你明白吧？

她明白。她太明白了。她也总算明白宋品佑何以能有现在的成就——他的确不单是靠家里的财富和地位。他是一个很懂得快、狠、准的男人，尤其是够狠——对别人狠，对自己也狠。这样的男人，还真的独有一种特别的魅力，让人不得不正视。

桌面上精致的骨瓷杯里，色泽沉郁的咖啡倒映出的傅桢桢的脸，因为晃动而变形，直至无可辨认。

陈依露坐在面对日本料理店的豪华包间纸门里的餐桌主位，用带着一点轻蔑的眼神看着傅桢桢，手里拿着筷子敲击着桌面，发出单调的声响。

她不说话，也不示意她坐下，只是持续着敲击的动作。

气氛过于阴沉，而且压抑。傅桢桢很想逃走，但是她不能走，她必须求，求一线生机。

时间在沉默中一点点流去，空调处理过的干燥空气在呼吸里制造小小的尖锐的棱角。终于，陈依露不耐烦地开了口：你想和我说什么？

傅桢桢能听出来她话语里复杂的内涵，那是包含着蔑视、残酷和蓄势待发的折磨的语气。

她说：你可以不可以把周胜伟还给我？你明明知道，他和你在一起只是为了他的理想。他说只要我愿意等他，他一定会回来，就算他天天在你身边，他的心里有的也还是我。

陈依露手里的筷子夹杂着空气被划破的声响，从她耳边掠过。那个瞬间，傅桢桢看到了她眼里浓厚的戾气。

她的哀求没有打动陈依露，对方没有大发慈悲表示会离开周胜伟，她气冲冲地离开，眼神里满是戾气。

离开宋品佑的办公室，出了办公楼，走进通往公交车站最近的小巷里，傅桢桢才想起自己忘记关掉工作用的电脑了。

她离开时，宋品佑还在他办公室里。拿出手机，她拨通了宋品佑的手机。

宋品佑说，傅桢桢，你居然让老板帮你关电脑？

我都已经走到去车站的小巷子里了。说完这句话，傅桢桢的身后传来急促的脚步声，然后有两个男人超过了她，并且拦住了她。

他们抢过她的手机扔掉，把她推倒在地上。

冰冷的雨水沁入傅桢桢擦破皮的手掌。她的大衣被扯掉，衬衫也发出被撕裂的声响，再用力挣扎也挣不开，即使尖叫再尖叫，也没有任何人来帮忙。

那个瞬间，傅桢桢感觉到了没顶的恐惧。

她听见自己凄厉的声音，在黑夜中响着。

——宋品佑！救我！救我！

傅桢桢醒来的时候，侧过头，看到的是坐在床边的宋品佑。

宋品佑说，在你最危险的一刻，你不知道谁会去救你的一刻，你一直叫的是我的名字。本能反应是不会说谎的，傅桢桢，你爱上我了，承认吧。

一个瞬间，就是一生情意。也不需要多说些什么。

沉默了几秒钟，傅桢桢终于伸出手，抱住了宋品佑。

感觉到他更用力的拥抱，她知道自己嘴角有着满满的笑意。

她成功了。

她成功地激怒了陈依露。一向都骄纵任性的掌上明珠，即使不那么爱周胜伟，也不会让普通女生抢走她的东西，哪怕周胜伟不过只是她暂时的消遣。

所以这些天，傅桢桢一直很小心。那两个男人跟在身后的瞬间，她就感觉到了危险的靠近。

她没有逃，她故意打电话给宋品佑，说无关的话题，等着一切发生，等着宋品佑看到她的"本能反应"，等着他听到她在最危险的时候，想起的是他。

是的，她是故意的。

因为，她不过是一个已经一无所有的孤女。她什么都没有，有的，只是机会。

她已经失去了周胜伟，不能再失去宋品佑。

宋品佑说，如果傅桢桢希望的话，他可以替周胜伟的画展造个隆重的势，也算是付给他的分手费。

但是傅桢桢说，不但不用造势，最好的是，不要替他开画展了。

她不欠他。是他把她推向宋品佑身边的，那个瞬间，他们已经再无关联了。

陈依露没有帮周胜伟开画展。如果宋品佑这边也停止，他就惨了。

虽然画展已经在进行中了，如果中止，宋品佑怎么都会有损失，但是傅桢桢问宋品佑：损失你付不起吗？

她说，周胜伟是惨还是风光，我一点也不在意。你就当我肤浅好了，我只希望以后我和你的人生再也不要和周胜伟有关，虽然他算得上是我们的媒人。

宋品佑笑了，他说：傅桢桢，我的一切，都是你的。

拥抱，真的是件很微妙的事情，双方其实根本都看不到对方的表情，所以，宋品佑也看不见傅桢桢嘴角的冷笑。

就像他永远不会知道，她有时候，还是会非常想念周胜伟。

好在这种想念，只是一瞬间的事。

反正人生，也不过是一瞬间的事。

傅桢桢没有想到，自己会再看到周胜伟。

他等在她的新公寓大堂里，俊秀的脸上有憔悴的神色和深重的黑眼圈。那不是以前神采奕奕的周胜伟，如果不是他拦在面前，傅桢桢一定不会认出他。

他求她从头开始。他说，傅桢桢，你是爱我的，你一直爱我。

他拉住她的手，他的手掌很冷，手心才有一点点的温热，他的力气非常大，大到像是在抓最后一根救命稻草。

而傅桢桢看着他的眼睛，一字一句：可是，对现在的我来说，你的爱情算是什么呢？

他愕然地看着她。第一次听到她用这样无谓的语气说着这样的句子，看到她脸上轻飘飘的笑，他终于有些猝不及防。

用力挣脱他紧握的手，傅桢桢披上轻软暖和的披风，走出大堂，司机已经在门口等候。

回头看一眼如同雕塑冻结在原地的周胜伟，她再不留恋地上了车。

车启动，雨还在无边无际地下着，整座城市笼罩在无边的朦胧中。为了爱情，为了周胜伟，她失去了天堂，失去了纯白。她曾经只害怕周胜伟不爱她。

但，从此以后还真不。

当她最爱的只是自己，谁能奈她何。

PART 3
成为更好的自己，找到最好的人

如果我不够优秀，又怎会有完美的相遇，

如果我不能更好，又怎会等到最好的你。

等我变得更好，才能更好地爱你

　　我知道，如果我示弱了，也许表面上看起来轻松多了，甚至还称得上是光鲜亮丽，但在自己的心里，我的一辈子就完了。

　　谢煜城是我认识的富二代里，最特别的一个。

　　我原本设想他的生活和大部分家里有俩钱又整天无所事事的人，应该并没有什么不同，各种聚会各种Party每天都有，想要多浮华多热闹都不是问题。

　　但谢煜城不同，他未婚，不以女朋友多且美为乐趣，他甚至根本没有女朋友，也不约什么乱七八糟、乌烟瘴气的局。

我也曾经打趣他枉费天赋，辜负家里任他胡花乱撒的金钱，反而把钱投在关爱特殊疾病的公益行动上，简直太自戴主角光环，辜负了我们这些做梦都想生于富豪家族然后狠狠拉风一把的人。

但谢煜城说，不是这样的。

大二的时候，谢煜城遭遇了一连串人生变故。

谢妈妈忽然因患心肌梗死去世。

谢爸爸和谢妈妈的感情是相当不错的，他们十几岁就在一起，恋爱，结婚，生下谢煜城，携手做生意，把一个家搞得有声有色。不管生意做得多大，谁也都没有花花肠子，一心一意。

因为这件事，纵横商界、叱咤风云、意气风发的谢爸爸就像变了个人，头发忽然白了一大半不说，还精神萎靡、斗志全无、一蹶不振、不问世事，甚至发展到天天酗酒，三五天就踹谢煜城两脚，完全无心打理生意。

原来再大的家业，一旦垮起来，也是很快的。半年不到，谢家破产，谢爸爸终于振作起来，卖了名下所有房套现抵债，租了间房子付了一年房租，留给谢煜城一万块，然后和老朋友去了海外重新开始。

从花钱如流水的环境落到要考虑午餐不能太贵的状况，谢煜城确实是不习惯的，这也是人之常情，古人都说了，由奢入俭难嘛。情绪因为角色转变受到影响，再加上难免还有点收敛不住的少爷脾气，一来二去的，谢煜城便得罪了几个土霸王。

日子磕磕碰碰地过了两个月，终于，在男生们的小规模足球赛上被人刻意地绊倒了几回后，谢煜城愤愤地退出了，坐在操场的看台上玩游戏。

忽然，一个影子挡住了落在他手机屏幕上的阳光，谢煜城抬起头，一个女孩子递过来一张印着卡通小熊的可爱纸巾，还有一瓶没有开封的纯净水。

她指一指谢煜城已经渗出血迹还混有泥土的膝盖，说，你洗一洗伤口吧，不然发了炎可就麻烦了。

她是戚薇。

谢煜城是百无聊赖地在夜市上晃荡的时候再次遇见戚薇的。她在学校夜市划块地铺开个摊子，卖打底袜、围巾之类的东西。

陪戚薇在摊子边蹲了小半晚，问价的有二三十个，最后收摊时却只赚了十块钱，谢煜城不耐烦了。

戚薇说，你别看不起这蝇头小利啊，生意好的时候一天还能赚个五十八十的。

谢煜城说，不是，你赚这钱干什么啊？

戚薇说，谢煜城，你家境很不错吧？我羡慕你的单纯、对金钱无所谓、不理解为什么有人会为了几块钱而锱铢必较，也不知道身上压着一堆债的人的感觉，我也想做你这样的人。所以，我在尽我最大的努力，改变我的人生。

戚薇的父亲得了癌症。她和她妈妈坚持要让父亲得到最好的治疗，为此花光了积蓄，还欠了不少外债。

戚薇很争气，她年年都拿奖学金，晚上摆夜市，白天没课就去做快餐店的兼职。但那对于巨额的治疗费用，显然是杯水车薪。

也有有钱人对戚薇表示过，只要戚薇做他女朋友，治疗费用不在话下不说，戚薇这一辈子都能衣食无忧，想要什么样奢华的生活都可以实现。

这怎么能行呢？戚薇笑着说，我给我爸治病的钱，我这辈子花的每一分钱，都得是干干净净的。要说我穷的还剩下什么？我还有骄傲和自尊，还有未来，这不是喊喊口号而已，这是我内心富足的理由。我爸妈辛苦地把我带到世界上来，不是为了让我走捷径的——何况，人生哪有真正的捷径啊。

她的语气平静，但落在谢煜城的耳朵里，却像是重启了他世界观的当头棒喝。

谢煜城加入了勤工俭学的大军，卖充电宝。

从花钱如流水的环境落到要和人一块两块计较的状况，谢煜城难免有点收敛不住少爷脾气，时不时地，语气里还有掩不住的刺儿，于是被人刻意地找了碴儿，还挨了两拳。

他蹲在小摊子旁，看着打他的人耀武扬威地扬长而去，周围来来往往的人只有看热闹的劲头，根本不在乎这一场争端谁对谁错，他忽然明白，离开了老爸的财雄势大，自己原来是如此渺小。

人生是很无奈的，倾尽全力想要得到或者保留的，也会轻易的失去。仓皇、悲苦、寂寞和伤痛仿佛源源不绝，原因无他，只是因为，老天爷就是这么安排的。

谢煜城想，老子不干了，老子从云端摔到地上，老子有权颓废，有权报废。

他把摊子收了，去找戚薇，打算向她告别，离开夜市行列。

戚薇也正苦着脸，看着凌乱的摊子。

夜市旁是夜宵一条街，有个失恋的妹子喝醉了，哭着喊着发酒疯，一路闹将过来，把戚薇的摊子掀了。雨夜啊，那些货都算毁了。等戚薇收拾好散落一地的东西，肇事者也找不到了。

谢煜城说，这怎么行，等着，掘地三尺，我也给你把那女的揪出来。

戚薇说，算了，她也是伤心到极限了，不然一个女孩子，怎么会容忍自己在这么多人面前恶形恶状？人都有需要发泄的时候。

然后戚薇就开始研究怎么挽救那批货物。谢煜城说，你不是吧？你白天要打工还要上课，晚上有点时间就休息吧。如果你执意要摆夜市，我替你来。

戚薇不接受。她说，我自己的路，每一步，我都要自己去走。这样，等到我打倒命运这个终极boss的时候，才会有真正的畅快和骄傲。

人生没有谁能一帆风顺，谁都有遇到沟坎的时候，也都有暂时颓废的权利，但人啊，也总有继续向前走的要求。

临近毕业，谢煜城家的情况逐渐好转了。谢爸爸做生意很有一套，加上他那些旧关系、旧人情还在，一旦缓过劲来，恢复起来挺顺利的。虽然比起从前还是有差距，但是谢煜城搬回了市中心的花园别墅。一切变得和从前一样，有司机开车接送他上下学，越来越多的人开始叫他谢少，他身边的朋友变得前所未有的多起来，好像他一开始就很受欢迎一样。

不是没有女生对他表示过关注和好感，谢爸爸也开玩笑地说，有女朋友就带回来给老爸看看啊，反正我和你老妈也是早恋，老爸是很开通的。

谢煜城没搭理老爸的玩笑。

经历过起伏，他变得清醒起来，他怎么会不知道那些关注和好感都是因为他的装备好，而不是他的属性高呢。

他找老爸要了笔钱，打算借给戚薇渡难关。他觉得戚薇不该为了生活奔波。

但让谢煜城想不到的是，戚薇拒绝了。

她说，我也曾经想过，要是接受那个人的援助，是不是就再也不用过早出晚归、天天愁钱的日子，是不是就会像你朋友圈里的那些人一样，想去哪里就能去哪里，想买什么就能买什么；生病了，想订医院的单人间就付得出钱，想请专家教授看病一个电话就能搞定，而不需要像我爸一样，半夜就去排队拿号再等上一整天才能排上专家教授的五分钟；想买车只需要看合不合心意，想买房只需要看地段不用管价钱，更不用想家里还有几十万的欠债，狠狠地压在余生上面。

可是，即使真的能够这样，我也还是不会接受，我很羡慕你们，但是我不觉得自己委屈。

因为我知道，如果我示弱了，也许表面上看起来轻松多了，甚至还称得上是光鲜亮丽，但在自己的心里，我的一辈子就完了。

日子，本来就是过给自己的。而心安理得，比什么都重要。

谢煜城说，我没打算包养你嘛，这钱我是借给你的，你可以比照银行给我利息。欠谁的钱不是欠呢？

戚薇笑了。她说，不，我不能借你的钱，因为，我知道，你喜欢我。

天上的云走过一段距离，遮住了太阳，云的缝隙间倾斜出点点阳光，细细的风让接近炎热的天气变得仿佛有些沉静。谢煜城看着戚薇，她安静而坦然地看着他，表情自然，明丽的脸上有着莹润的光。

她说，谢煜城，我也喜欢你。

但是，现在的我，不能站在你身边。我不想给自己软弱的理由。

那是谢煜城最后一次见到戚薇。

毕业后，戚薇的手机号码失效了，她也不曾在网络上出现过。每逢她的生日，每个节日，谢煜城都给她留言，可是都没有得到过她的回复。

谢煜城并没有满世界大张旗鼓、风风火火地寻找戚薇，他的心里也并没有特别期待类似偶像剧的情节发生。他觉得，自己配不上她。

只是，每当有人带着几分玩笑的语气对谢煜城说"土豪我们做朋友吧"的时候，他还是会想起戚薇，想起她骄傲的脸，想起她说，我不能站在你身边。

谢煜城说，我肯定戚薇一定能靠自己的力量改变困境，飞得又高又远。而我，用尽全力，也想要和她并肩。她不可取代，不光是因为我喜欢她，还因为，我喜欢和她在一起时的我自己。她是我不想躺在钱上肆意横行的源头，是我不能软弱的理由。

原本谢爸爸谢妈妈的设想是让谢煜城自在地过日子，家里以后就搞职业经理人那一套，让谢煜城躺在股份上过富二代的日子，心安理得地做一个清闲度日的人就好。

但戚薇消失后，谢煜城开始认真，他谦卑地进入家里的公司，不暴露身份地从底层做起，一个环节一个环节地了解工作的关键。闲时他读很多相关专业的书，踏踏实实地去考资格证，打算真正担起公司的责任，对公司的员工的生计和未来负责。而且他还尽力关注公益。

他不断遇见向他示好的女生，也有几个神情眉眼有些像戚薇的。但她们，终究都不是她。她们太清楚明白地知道每一步怎么恰到好处地走，怎么样用自己的青春和样貌换取最大的回报，这些都是戚薇不会做的。

有时候，谢煜城会想，她们的心的角落里，是不是也曾希望如戚薇般能够坦然地说出，我还有骄傲和自尊，还有未来。

那骄傲，就是戚薇能傲然面对世界微笑的理由。

我的蜜月之旅在马尔代夫度过。就在我打算潜入水底观看另一个花花世界时，我老公举着手机蹦到我面前：有男人找你。

我瞄一眼屏幕，是谢煜城。

对富二代我都是分外给面子的，因为一旦他们有点伤心郁闷，那就是能让我心理平衡的生活乐趣。我说：谢少，我在马尔代夫呢，国际长途啊，话费必须你出。

谢煜城说：我出我出，我是通知你，下个月务必携眷参加我的婚礼。

我震惊：你结婚？不等你女神了？

谢煜城说，不等了不等了，下个月就结婚，马尔代夫。

你能换个我没去过的地方结婚吗？我抱怨，我干脆住这里不回去算了。

随便你，谢煜城说，你家几个人来？把身份资料发到我微信上，我给你们订机票。

他又说，喜帖我就不派到你手里了，我在朋友圈发了图。另外，你千万别送礼，我们不收。

好像我送得起厚礼一样。我边吐槽边打开微信朋友圈，谢煜城果然发了喜帖。

喜帖上，谢煜城和一个眉目清秀的妹子相依相偎，笑容里都是明媚，像所有为了爱情结婚的人一样。

而喜帖的具名是——谢煜城、戚薇。

我忍不住大笑起来。老公晃过来，捏住我的脸：怎么笑得这么不含蓄？

我说，现在我又相信爱情了。说真的，这个世界还是会好的。

是的，这个世界还是会好的，不管曾经如何坎坷跌宕。

只要坚持下去，只要不放弃自己不放弃爱情，就一定会遇到那个值得深爱的人，在某一天。所有的黑暗都将被苦楚熬出的甜点亮，所有的荆棘，终会开出鲜花。

爱得深，爱得早，不如爱得刚刚好

爱情是很寂寞的一件事情。全世界都说他不爱
你，你也知道他不爱你，但是你依然爱着他。

情人节这天哪里都人山人海。幸福的情侣们牵着小手在寒
风里通通摆出有爱情就足以抗风寒的志得意满的模样，我裹紧
了大衣，快速穿行过满坑满谷满街满地的情侣，进到艾琳的咖
啡店里。

艾琳今天仍开店营业。于是我们一帮单身的、有伴侣但是
伴侣出差的狐朋狗友终于在情人节有了个安身之地。

我刚刚坐稳，捧着艾琳特制的热巧克力打算好好享受一番

时，李辰推开门走了进来。

他还没落座，就咋咋呼呼地嚷起来：趁我还有命在，赶快给我灌一杯长岛冰茶。

我们还没问为什么，他又说，隋心会恨死我的。我逃婚了。

哈？我们集体瞪大了眼睛。

隋心约我今天去民政局领结婚证。我昨天答应了，今天在去民政局的路上却反悔了，所以我就逃婚了。李辰抢过我手里捧着的热巧克力，一饮而尽：隋心不会现在还在民政局的大门前杵着吧？

一票损友看着他，继而面面相觑，都满腹疑问，却都不知道该怎么发出第一声。

李辰，男，爱好男。隋心，女，爱好，男。这两人要领了证，那就是实打实的形婚。

重点是，隋心她是知道李辰的取向的，而她也有一个相恋了九年的男朋友李翔，两人一直不是夫妻胜似夫妻地过着小日子，可为什么隋心会忽然要跟李辰结婚？

他们崩了。李辰说。隋心和李翔两个月前分手了。然后隋心在前两天得知，李翔结婚了。

所以隋心铁了心，决意把自己尽快嫁出去。

李辰贫贫地说，我觉得吧，我还是适合当株野生在山谷里的百合，不适合跨入婚姻相夫教子。

过儿一会儿，他的态度变得庄重起来：隋心这么好的姑娘，不该这样被毁了一生。

我打电话给隋心，约她第二天下班后一聚。她说，你要没事，就现在来我家吧，反正我明天不上班，要聊多久都行。

我披风踏寒地到了隋心的小公寓，她正在做红酒烩梨。暖烘烘的公寓里红酒的香气足以让人微醺，一派温暖如春的感觉。

隋心做完红酒烩梨，递一杯给我，第一句是，我失业了。

不是失恋吗？我茫然了一瞬，然后想起来隋心吐槽过的单位的几个最爱家长里短的同事。

李翔工作体面，收入颇丰，对隋心体贴入微，还长相俊朗，连身高都让人无从挑剔，隋心自然成了让人艳羡的目标。但也有几个同事，经常状似无意实则有心地刺隋心一句：这么好，这么爱你，怎么就拖了这么些年还不跟你结婚呢？

隋心最初不甚在意，但时日过去，她已迈入了晚婚年龄，李翔却从来没有向她表露过结婚的意愿。

事情在心里磨久了就成为一根尖锐的刺，日夜刺着隋心的心。在二十八岁生日的那天，隋心面对着李翔献上的二十八朵艳丽玫瑰，问了句：我们什么时候结婚？

在隋心的认知里，求婚这种事情应该是由男方提出的。但李翔的不动声色，终于逼得日夜心悬的她问出了口。

李翔沉默了一下，说，隋心，结婚这件事，我还没准备好。

可是，我已经二十八了。隋心说。

李翔又沉默了一下。然后他说，最近五年我都不会考虑结婚这件事，如果你要逼我，那就分手吧。

好啊，分手就分手。隋心说。

她心里并没有觉得这句话是真的，两个人在一起九年，彼此的生活习惯、交际网络都已经严丝合缝，说句分手也不过是一时气愤，过两三日，李翔来哄哄她，也就好了。

说不定分手几天，还能让李翔正视婚姻这件事。

结果没想到的是，李翔就此在隋心的世界里失了踪。到隋心想要低下头去找李翔时，却得到了他已经结婚的消息——对象是个比隋心小六岁，家境优渥不用工作，整日吃喝玩乐旅游 shopping 的天真女生。

隋心到这个时候，才把李翔近半年来频繁的出差、加班、相处中日渐平淡的态度和他也许已经早已出轨的事实对应起来。

疯狂得像是在电视剧里才会发生的事情发生了，却不过印证了现实比编剧的逻辑更离奇更残酷的真理。

不过两个月，一切都不同了，李翔放弃隋心，却选择了婚姻。世界调转了一个角度，隋心失去了平衡，天旋地转。

失去的不止是平衡感，还有尊严、自信、青春、朝气，和全世界。

想到单位里那几个三姑六婆终于得偿所愿的脸，隋心选择了即时离职，放弃了那个安逸得一辈子可以不用想将来的职位。

她暂时没有力气去面对任何事情。

那你也不能选择嫁给李辰啊……我叹息。

隋心苦笑。她说，我在民政局门口等着李辰的时候，忽然很害怕他真的会来。由此可见，我对自己的人生，还不算完全放弃。我本来以为，我已经报废了呢。

我看着她灰败的脸色，也只能说，会过去的。

会吗？

会的。熬过今天，明天就会好一点。熬过明天，后天又会好一点，心里的伤，过段时间，总会好的。

但遗忘这种事情，大概和时间没有关系。

李翔结婚半年后，隋心还是赋闲在家。周末下午两点，我和李辰摸到她家里时，她还没起床，两眼无神地顶着一头乱发，失智老人一般打开门，向我们呈现出她已经毫无章法的家。

我气急败坏，又心疼，说，隋心，你不是说你没有报废吗？

我没有报废，我只是残废了。隋心叹气。我大概只能带着遗憾孤独终老吧。

我明白。隋心遇到的这种毫无转圜的摧枯拉朽的分手方式，适应不良是人类的正常反应。

李辰试图调节气氛，他小吹了一声口哨：baby，我还是可以娶你的。但是我觉得你一定能找到比我更好的人。西方近代优秀文学作品的主线一般是人生是苦难的，活着的过程就是自我救赎的过程。

隋心反爱情，李辰反智力，而我哭笑不得。

看着隋心的眼睛，我读出的是深深的无力和荒凉。

因为爱情。

爱情是很寂寞的一件事情。全世界都说他不爱你，你也知道他不爱你，但是你依然爱着他。

爱情也是很疼痛的一件事情。所有人都说他不值得，你也知道他不值得，但是你不能不爱他。

可是生活还是要继续啊。

我问隋心，你什么时候重出江湖？

隋心摇头：我不知道。虽然我的存款已经全部用完，信用卡也透支了，但我已经丧失重新投入这个世界运转的兴趣和能力了。

我能明白她的放弃。因为没有给自己留下后路，所以轻易地就被摧毁得面目全非。之后必然的寂寞和荒凉，都是她必须面对的劫难。世间七苦，除了生老病死之外，更苦的是怨憎会、爱别离、求不得。

但我希望她能坚强地越过去，遇见一个更好的人，从此岁月安好，春暖花开。

我说，隋心，我求求你，振作起来。我希望你不要成为被男人利用、消费到渣都不剩，然后就此滚到沼泽里烂掉的傻女人。离开一个错误的男人和离婚一样，都是为了止损。你一切不甘心的动作只不过是让自己越发可怜而已。你闭门不出，你自暴自弃，甚至你开始放纵浪荡，在不珍视你的人眼里，也都不过是笑话而已。

隋心不说话。

一个星期。我说，隋心，我给你一个星期超度你最后的自哀自怨。你的卡债我来还，你的生活我负责，一个星期后，请你重新出发。

我明白你现在的不甘心。你觉得不公平。这种时候，放纵自己是最容易也最轻松的事情，但随心所欲的现在会造成更加悲惨的将来。你得重新站起来，因为你必须站起来。第一步，认清事实——李翔不爱你了。或者他在你们分手前就已经和别人暧昧，但你们破局的根源，不是你不够好，而是他不爱你了。即使你的人生全部毁掉，不爱你的人也并不会有什么损失。

人必自辱，而后人辱之。人要自爱，才会有人真的爱你。任何人不爱你这件事，不会影响你的存在价值。而你现在要做的只有一件事，就是好好爱自己。你要立刻止损，再不甘心，也请你扔掉他扔掉记忆，不要让他再有伤害你的机会。你要立刻放手，治疗自己让伤口愈合。正确地报复把你置于这种悲惨境地的人的方法，就是你自信、自爱、心安、平静，过得比和他在一起时更好。

人生本来就充满无数的失望，所以每个人都必须更加善待自己。你前面的路并不是一片康庄，甚至还可能会是悬崖，但纵身一跃，也比蹲守在原地寂寞枯死来得精彩和肆意。也许不容易，但这些不堪的、刺痛你的事情，你必须学会接受和应对，然后将其升华为人生经验。

你做这一切，不是为了证明给李翔看他失去了什么，而是为了证明给自己看，如果沉沦，损失是什么。

隋心的头发垂下来盖住她捂着脸的双手，隔绝了光，我听得到她的恸哭。

半小时后，她止住了抽泣。她说，我要去趟日本。

我立刻拿出手机，给她订了机票。

隋心很喜欢樱花，她曾经计划蜜月去日本，追踪樱花由温暖的日本列岛南端向北方沿着纬度依次开放形成的由南向北推进的"樱花前线"。目黑川的樱并木，新宿御苑的寒樱、枝垂樱、染井吉野，秋叶原上野恩赐公园的"樱花通"，那是隋心曾经计划要和李翔一起看遍的风景。

但当前尘狼藉一地，她也只有自己去徒然地完成这个结局。

她去了日本，然后发现，再绚烂的一朵樱花从开放到凋零，也不过只是七天时间，凋了，就果断离枝坠落。就像一段情感，也许总会有个尽头。

李翔成为遥远的影子，影影绰绰地在她心间凋落成伤口，隔着再也不想靠近的距离。

那些细细碎碎不复再得的痕迹，便是爱过的遗迹。

樱花七日，从此再无来日方长。所以，算了吧。

那个瞬间隋心忽然发现，她失去的已经够多了，如果再持续下去，学不会止损，每为已经失去的部分沉溺一秒，能够享受的未来美好人生就会减少一秒。

这是双倍损失。

未来漫长，总有起伏总有失望，总有除了自己别人无法给予协助的时候，但生活着就是最美好的事情。人生满是荆棘，再惴惴不安再心神忐忑也必须自己咬牙熬过去。

而既然无论如何都必须面对，当然笑着比较好。

从日本回来后，隋心开始打理心情和发型，生活也回复到逐渐有规律，定期和我们聚会，一份一份投出简历，细细甄别后得到了一份虽然常常要出差，但前景很好，钱景也不错的工作。

一年后，在艾琳的店里，隋心亲手给我弄了一杯热巧克力。

李翔前天来找我了。她把热巧克力递给我时说。

干吗？打算上演世纪大和解呢，还是上演世纪大复合啊？他那么快找到新欢是因为他得了绝症不想拖累你而演的一场戏呢，还是因为和你分手借酒浇愁结果不慎落入新欢的圈套为了负责而娶了人家呢？我翻白眼。隋心你可别说你原谅他了，你打算和他从头开始。

李翔没有解释为什么做出和别人结婚的选择，他说只是想来看看隋心过得好不好。

可是，我过得好不好，和他还有什么关系呢？隋心说。

不过我过得好不好，还是要跟你汇报一下的。隋心拿出一张喜帖，递给我：这一次，我大概找到了对的人，他没有让我等待九年换回一场空白，他和我认识了八个月，然后告诉我，我就是他确定想共度余生的那个人。而这一次，我思考的角度，不是绑住他好安稳我的下半生，也不是借由婚姻来实现自己的价值，我会和他一起面对婚姻里的点滴琐碎，谁都不寄生于谁，但一定互相支持，一起营造更好的属于我们的生活。

爱情的厚薄，原来不在时间的长短，而在是不是两个人正合适。虽然只认识了八个月，但这一次，时间刚刚好，对象刚刚好，我也刚刚好。

她的笑容云淡风轻，美极了。

是的，只要步履不停，就一定可以遇见。值得等待的人和事，是不会舍得让你等太久的。

你要相信，在你的生命里，所有正确的事情，都一定会在正确的时间出现。即使中途会有疼痛寂寞，悲凉伤口。但过了今天，明天就会好一点。过了明天，后天一定会再好一点。

每个劫数，时光会替你善后。

你要做的，只是在遇到他之前，好好地，好好地，珍惜自己。

亲爱的，其实他没那么喜欢你

> 每个人都是另外一个人的傻瓜，付出最纯净的心
> 和爱，即使最终收获的是破碎一地的伤，却仍然在心
> 里恋恋不舍。

柠檬又在一个雷雨交加的深夜发微信给我。

她说，韩雨今天心情不好。

我说，别跟我提这个人好吗？我管他去死。

你这个人，柠檬叹息，怎么说他也是你学长，你怎么这么刻薄冷酷不念旧情呢？

要念，也得有情可念。不然，不如相忘于江湖吧。

这个道理，我懂，柠檬不懂。或者，她不想懂。

她没法放着韩雨不管，她说：我看着他寂寞的样子，就会心疼啊。

那谁来心疼你？我忍不住冷嘲热讽：你不该当他的女朋友，你该当他妈。哦，不对，你不是他女朋友，你就是一备胎。

我是韩雨的女朋友，我是他的初恋。柠檬说。她的语气，一字一句，有着不容置疑的坚持和相信。

有时候，真不明白为什么有人愿意在爱情里那么卑微，而贪恋的，又究竟是什么。

就像柠檬。

柠檬其实不乏追求者。但她却固执地守着一份爱情，直线、单向、永不言败。

柠檬的王子是她大学的学长韩雨。大一时柠檬加入校辩论社，一场辩论之后，从未恋爱过的少女心就被韩雨牢牢擒获。

明朗少女柠檬大方地向韩雨告了白，然后顺利地被韩雨牵起了手。从此学校的角角落落就留下了两个人甜甜蜜蜜的爱情印记，郎才女貌，男帅女美，青春相伴，羡煞旁人。

一开始就能幸运地遇到那个人，到最后就能安稳甜蜜地过一生，这是王子公主的童话。而现实，总是没有那么顺遂。

韩雨毕业后，去了上海。晚韩雨一年毕业的柠檬，家里给她安排好了一个稳定的工作，却离上海十万八千里。

韩雨很喜欢上海，在那里也发展得很好。而柠檬清楚家里人为了这份工作付出了多少心血和精力，却又舍不得爱情。她和韩雨维持着异地恋，并不丰厚的工资全部奉献给了交通部门。

只是异地恋，破局的成分太高。这样两地相隔一年半之后，韩雨说，柠檬我累了。要不你来上海，要不，就算了吧。

柠檬说，你给我点时间，我好好地说服家里人，然后我就来上海。

花了半年时间，柠檬终于让家里同意她为了爱情放弃故里。柠檬收拾了行李，兴冲冲地奔赴上海，奔赴爱情。

下了飞机，她打电话给韩雨，她说你猜猜我在哪？我在浦东机场，惊喜吧？

韩雨没有惊喜。他说，柠檬，我有女朋友了，她是上海人。

柠檬还记得那天坐在大大的两个行李箱上，仰头看着上海的天空的感觉。阳光很亮，刺痛瞳孔，眼泪就流了出来。

不知道过了多久，阳光隐去，暮色降临，一辆车的车灯忽然亮起，照在柠檬的眼泪上，反射出水光。

柠檬眯起眼看过去，才发现自己正挡在那辆车驶离停车位的正前方。她慌乱地站起来，慌乱地擦掉眼泪，慌乱地用力推开重重的两个行李箱，好让出路来让车通行。

路让开了，车却没径直开走。一个男生关掉了车灯，走下车来。

走到柠檬面前，他伸出手，递给柠檬一罐雀巢咖啡，然后说：你去哪？我送你吧。

柠檬说，我不知道。

她又说，我没有家了。

她是真不知道。不知道应该立刻买机票回家，孤单地祭奠自己无疾而终的爱情，想念自己宿命里唯一的王子，还是应该勇敢地去拼去抢去抗争，重新登上属于她的南瓜车，回到韩雨专属的公主位置。

替她做了决定的是那个男生。他说，如果你信得过我，就跟我走吧。

他又说，我叫李然，我家在××小区×栋××××号。

柠檬并没有听清楚那个地址，也没有想过如果他是坏人会如何。她的脑海里都是韩雨的脸，她把行李箱交给了李然，然后上了那辆车。

李然并不是坏人。甚至，他是个慷慨的好人。他收留柠檬住在他两室一厅的公寓里，还替她煮了碗牛肉面。

柠檬开始了在上海的新生活。她揣着文凭找工作，在繁华的上海街头靠着手机导航懵懂地一个公司接着一个公司地面试。

韩雨并没有对柠檬避而不见。他会在工作日时约柠檬出来吃个午餐晚餐，为她的求职之路提供建议。他的声音温厚，意见中肯，柠檬托着腮帮亮着瞳孔看着他，仿佛仍活在大学时两人在雪地里拥抱亲吻的亲密里。

青春是一条漫长的路，而韩雨是柠檬的光。他是她第一个爱人，也是她唯一的爱人，是她不能割舍的人生。

柠檬说，韩雨，如果我留在上海，你会和我重新在一起吗？

韩雨没有点头，却也没有摇头。他伸出手，如往常一样揉揉柠檬的头发，笑着说，傻瓜。

两人分开后，柠檬回到公寓，坐在镜子前，看着里面两颊绯红的自己。她想，那些揉着蜜糖的过往，是韩雨也不舍的时光。

她微信韩雨，她说，世界上最美好的，是你。而我相信，爱你的我，一定能和你在一起。

对于柠檬坚持的爱情，李然并不了解，也不过问。他没有工作，专心准备着语言考试，说是要移民新西兰，和父母姐姐一起。

他倒是介绍柠檬去了一家广告公司。公司规模不大，却也能替一些大品牌做些全案服务。

柠檬任职策划，这并不是一份轻松的工作，客户常常为了一个字一个句子反复纠结，最后推倒一切重新再来。想不到新的文案好的方案时，柠檬常常焦虑。

她一焦虑，就会想起初到上海那天仰望的天空。只有韩雨，可以缓解她的焦虑。

她和韩雨的交流和从前异地时也没什么两样，总是她有空闲了，就在QQ上敲韩雨，和他聊发生的事情，自己的心情，任何的琐碎。韩雨依旧和从前一样，回应她的情绪，安抚她的焦虑，关心她的细枝末节。

他们一周也会约会两到三次，牵手，接吻，亲密得如同所有情侣一样。有时候，柠檬会觉得，自己和韩雨并没有分手。

爱情总是最终的赢家，不是吗？

九月底，柠檬接到通知，因为项目要出差一个月，只有三小时给她回家收拾行李。她敲韩雨却没有回应，打电话，通了却没有人接听。

柠檬回家收拾行李时，李然正坐在客厅的沙发上看电影。收拾完行李，看看时间尚有一小时的空余，柠檬想了想，央了李然，送她到韩雨的公司楼下。

她下车时，韩雨正好从公司大堂走出来。柠檬迎过去，还没来得及开口说要出差的事情，韩雨先开口了：你来这里做什么？

那语气过于冰冷，让柠檬有些猝不及防。

我要出差，她说，我……

柠檬还没说完，有个女生就从韩雨背后赶上来，她看看柠檬，又看看韩雨，饶有兴趣地问：韩雨，这是你老婆吗？和你很配呀。

不是。韩雨笑容自然，像是柠檬根本没有站在他身边。

这是我学妹，找我有点事。

柠檬怔住了，她没有想到，韩雨竟然已经结婚了。她恐慌得下意识地去拉韩雨的手。

韩雨躲开了。他小声说，柠檬你乖，别闹，这可是我公司。

在去机场的路上，柠檬一直坐在副驾驶座失声痛哭。

李然安静地开着车，只是在送她进入候机室时，递给了她一罐雀巢咖啡。

他说，会失去的东西，其实从来没有真正地属于你，所以，不必太惋惜。

总有值得疼惜的人毫无道理地遭遇背弃，彷徨无依，而旁人除了些许的陪伴和安慰外，也只能残忍地直说，真的没有任何特效药，再艰难，你也得自己熬过去。

出差的那一个月，韩雨没有和柠檬联系。倒是李然，一改平时安静沉默的秉性，每天从早到晚微信柠檬，提醒她吃早餐午餐晚餐，对她低落的情绪给予安慰，和她一起商讨应付难缠客户的方案。

柠檬忍不住问李然，你为什么收留我？

因为那天在机场，你坐在行李箱上看着天空时，那模样，像极了一只无助的小羊羔。

而李然，也曾经是一只无助的羊羔。

他也曾爱过一个女生，爱了几年。比柠檬更卑微的是，他从来不曾站在阳光下，他只是一个备胎。

李然去新西兰并不是单纯为了和家人团聚，而是那女生在失恋后对他说，如果你在新西兰就好了，这样我难过时，至少有个肩膀，随时让我依靠。

只是，李然还没成行，就得到了女生又恋爱的信息。他看着女生微信里一脸甜蜜地依靠在另一个人肩膀上的样子，黯然地打开了《大话西游》这部电影。紫霞带着绝美的微笑说，我猜中了这开头，却没猜中这结局。他想，或者，每个人都是另外一个人的傻瓜，付出最纯净的心和爱，即使最终收获的是破碎一地的伤，却仍然在心里恋恋不舍。

在送柠檬去机场的路上，他听着柠檬的恸哭，像是跳出桎梏，灵魂升上天空，俯瞰着被困在爱情里的自己。

那个时候他才发现，他以为困住自己的是爱情，却原来，只是不甘。时间成本花得越多，被自己感动的成分便越高。以为自己是对方唯一的依靠和救赎，是最后一根救命稻草，但死死抓住那根稻草的，分明是自己。这份情感里，从来只有他自己孤军作战，独自前行，没有人和他并肩共往。他曾经以为花好月圆的彼岸，也许只会更加荒凉。

因为，她不爱你。

真爱你的人，从来不会舍得让你等待太久。而不爱你的人，等待一生，也只会落得个虚空。

李然说，我终于发现，世界上最美好的并不是她，而是我爱着的她。我解脱了。你呢？

回到上海时，项目得到了客户的认可，签下了未来一整年的全案服务。

柠檬拿到了一大笔项目奖金。她约韩雨：我请你吃饭吧。散伙饭。

韩雨如约出现在餐厅，他先到，选择了柠檬最喜欢的靠窗边的位置，像是一场多年不见的老朋友的聚会。

柠檬站在餐厅外，远远地看着韩雨。少女柠檬第一眼见到的韩雨和眼前这个韩雨，都有着清朗的眉眼，让人心暖的笑容，好像并无二致，却又有着远隔天涯般的不同。

她爱过他，等过他，却没有恨过他。她得到过，贪恋过，最终失去了。

而韩雨定格在她瞳孔的身影，已经是一场天荒地老，那就够了，又何必回眸相送十八里呢。

柠檬没有走进餐厅，她拿出手机，给韩雨发了一条信息。

她说，我祝你幸福，衷心的。

然后她转身，就看到了送她来时就一直停在路边的李然的车。

她走过去，拉开副驾驶座的车门，坐进去，系好安全带。

李然吹了一声口哨，发动了车。

他说，柠檬，恭喜你，被郭德纲甩了才有机会和小鲜肉恋爱呀。等你准备好了，我们约个会试试看吧？

柠檬说，你不是要去新西兰吗？

不去了。李然说。那边没有我的爱情。而上海，有你。

从前没看出你是这么肉麻的人啊。柠檬摇摇头，笑了。

从前没有看出来的，以后你有的是时间和机会慢慢发掘。李然说，同样被爱伤过的人，会懂得爱情真正的珍贵和价值。爱情，就像一本书，即使最后没有成功，但相爱的温暖和珍贵会永远留存，并且让人有继续爱下去的勇气。它就是我们心底，有着彩虹色光环的部分。不是吗？也许，是的。

因为，世界上最美好的并不是你，而是我爱着的你。

车子平稳地奔驰在路上，柠檬又想起初到上海那天仰头看到的天空。

此刻她抬起头，透过车子的天窗看向天空，那种蓝安静温润如沉水，阳光柔和地落下来，降落在眼里，带着七彩的虹色光环。

每个女生都可以是女神

你要相信自己值得被人爱，有价值、会被人所尊重，应该拥有快乐、美丽，不管你追求什么，只要是会让自己幸福，那就绝对有资格去做。

杨晨最开始明白"看脸"这个概念时，还是在高二的时候。

小姨从香港给她带回一条纯白蕾丝的裙子，她穿去学校上晚自习。结果非常宿命地，和班花撞了衫。

最初她倒是没有意识到什么，直到晚自习结束离开教室时，她听见坐在她身后的男生李岩和其他男生议论着说，果然身材和长相还有气质才是决胜点啊。

李岩说着，视线还掠过了杨晨和班花。

杨晨那个瞬间脸上就发起烧来，火辣辣地烧得她的心都疼痛起来。

她那时候有点微胖，戴着厚厚的瓶子底眼镜，牙齿也不好看。但再不明媚的少女，也有一颗向往明媚的少女心。

而更重要的是，她暗恋李岩。

自那之后，杨晨整个高中余下的时间，都只肯穿着校服去学校。即使只穿着校服，她也明确地感觉到自己和班花之间遥远的差距。

她依然暗恋李岩，但她并不打算让他知道。

高中毕业后，杨晨和李岩的大学一南一北，彻底失去了联络。

大学时，杨晨稍微学会了修饰自己，她和寝室的女孩子一起学着化妆，在淘宝上买当季的新衣，还喜欢上一起上马哲课的学长。

她旁敲侧击地询问学长，自己有了喜欢的男生，你作为男生有什么建议。学长非常认真地说，如果你可以再瘦一点，然后妆不要化得那么夸张，另外显得有气质一点，应该是没问题的。

杨晨的脸又发起烧了，而学长又说了一句：不过也不是所有男人都只看脸的。你这么好的人，没问题的。

那之后，杨晨不再化妆，也不再和同学一起买淘宝爆款，她剪短了头发，不再穿裙子，不护肤，随意地过日子，也不再暗恋谁。她的重心和注意力全部放在了成绩上，年年拿奖学金，成为了别人口中"那个奖学金拿得很凶的不是很好看的女孩子"。

大三时，杨晨换了寝室，遇到了陈凌。

陈凌高挑又苗条，有着比高中班花更赏心悦目的脸孔，用现在流行的形容词来说，妥妥的女神范儿。

杨晨偶尔会偷偷看看神采焕发的陈凌，想，如果我有她的身材，或者有她的气质，她的脸，我就不会这样卑微痛苦了。

是陈凌把总是垂着头驼着背戴着黑框眼镜的杨晨推到镜子面前，她说：女生一定要昂首挺胸地面对一切，并没有什么需要自卑的。对自己的容貌、身材、身高不满意，完全可以通过化妆、纤体、造型搭配来改进和调整。

杨晨抗拒，她说，朴实一点不好吗？

这不是虚荣，这是尊重。陈凌说这句话的时候，眼睛里有着杨晨所没有过的满是自信的光彩：你总得先爱自己，再期待别人爱你。而怎么样才是爱自己？最重要的一点就是，你要尊重自己。

你要相信自己值得被人爱，有价值、会被人所尊重，应该拥有快乐、美丽，不管你追求什么，只要是会让自己幸福，那就绝对有资格去做。

为什么你就不可以做一个又精致又拿奖学金的女孩子呢？这个世界从来就没有不努力就能得到的美丽，除非你能为自己而改变，否则你将永远垂头丧气。你知道低下头，会错过多少美好的风景吗？

内外兼修，才是王道。

陈凌陪着杨晨去了学校的健身室，连续三个月，每天90分钟。她给杨晨制定了严格的训练方案，循环训练、拉伸训练，她陪着她每天坚持。

运动完回到寝室，陈凌教她去角质，敷水膜，给她推荐从基础的保养到高阶的化妆技巧的视频。她还找了很多搭配的技巧和图片给杨晨看，告诉她怎样选择基础款的衣服，怎样穿出自己的优点和特色。

三个月过去，杨晨真的觉得，整个人的状态都不一样了。一开始，她觉得很别扭，化了妆出门时，穿高跟鞋时，都浑身不自在。但看到镜子里确实在一天一天变得更精致的自己，她也慢慢地习惯了。她没有变得更美丽，但是她找回了自信。

毕业后，杨晨没有选择留校任教，她去化妆学校学习了一年，其间接了很多兼职化妆的工作，存了一笔钱，又去日本的造型学校深造了两年。

回来时，她已经是一名拿到足够证书和资本，也有着精湛技术的造型师了。

高中毕业十年时，举办了一场旧日同窗聚会。

杨晨第一眼，就看到了李岩。

他有些微胖，脸泛着一点油光，头发也微微油腻，虽然脸的轮廓没变，但是如果提升一下眉形，会显得眼神比较集中。另外，他穿着三粒扣的西装，但扣子全部扣上了，衬衫袖子却比西装要短。

杨晨不动声色地移开了视线，倒是李岩看到她，主动走了过来。

他说，当年的丑小鸭变成白天鹅了啊。

李岩的老婆叫许涵。她没有化妆，素颜，看得出皮肤有点小状况，但仍然是有着好底子的。她穿黑色的宽松毛衣，配着小脚牛仔裤，身材比例很好，重点是，她还高，目测一六五，那是一五四的杨晨的理想身高。

杨晨坐在李岩附近，看到许涵从包里拿出吸油面纸，递给李岩，小声说，鼻子两侧吸一下。又说，早上你忘了洗头？多少年不见的同学，打理得清爽点比较好。

李岩语气里明显带着无谓，说，就你穷讲究，自己怎么舒服怎么来才是过日子，鼓捣些有的没的多累。你不要被你单位那些没人要但还以为自己万人迷的剩女影响了，上次你买的那套化妆品就太贵了，一定是她们挑唆你的吧？

许涵说，那套是护肤品，不是化妆用的。她还想再说什么，却又终于默默地不再出声。

而杨晨想，自己的男神情结终于可以解开了。

但心里，到底替许涵落了遗憾。

两个月后，杨晨去了王府井百货的彩妆柜。她接到一档工作，要去上海替综艺节目的外景主持人化妆。她仔细地研究了主持人的肤质和肤色，以及节目定位，设计好了妆容的重点，于是特意来选一款合适的眼影。

专柜BA正在给一个女生上眼妆，劝说她买下试用的那款眼影，而女生看着镜子里的自己连连摇头，说：我确实不适合化妆。不用了。

你肤色白，适合所有颜色，很好看啊。BA说。

听到BA这么说，杨晨在心里吐槽了句"什么白所以适合所有颜色，肤色也是分冷暖的好吗"，然后不经意地看了看被BA涂上了眼影的女生。

杨晨才发现那是许涵。BA替许涵上的眼影确实不适合她，她虽然白，但肤色是冷色调，比较适合沉稳色系的彩妆，而BA给她上的粉紫色调的眼影明显是一场灾难。

杨晨把许涵按在椅子上，伸出手对BA说，给我湿巾。

她的语气太过于笃定和权威，BA被她的气势完全压倒了。

杨晨快速替许涵卸掉眼影，又挑出一款色调适合的，拿出自己随身的眼影刷，替许涵描画。几分钟后，她收起了眼影刷，把镜子拉到许涵面前，说：这样效果才对嘛。

她又说，哪有人不适合化妆的，只是没有找对方法而已。人和人之所以相貌各异，是因为面部的轮廓不同，化妆就是要让轮廓和线条起作用，通过提亮和收暗，用化妆改善面部线条。女生啊，就应该打扮得当，神采飞扬，再简陋的环境也要让自己风姿绰约，游刃有余。

许涵最终没有买眼影，而杨晨加了许涵的微信。

她给许涵看自己从前微胖又驼背时的照片，然后给她发了一份自己任课的化妆学校的基础课程时间表。她说，我很需要对彩妆没有涉猎的女生的意见，你来听听，给我的课程提点建议吧。

许涵到化妆学校来听杨晨的基础彩妆的课时，并不是一个人单独来的。有个男生陪着她。

许涵介绍说，这是她的双胞胎弟弟许皓。

许皓倒是一个把自己的外观修饰得很得体的男生，他和杨晨握手，手心温暖，手指干净。他说，我顺道经过，就送我姐来了。我姐一向崇尚素面朝天，我还真想看看谁这么有影响力，能拉她来听彩妆的课程。

杨晨不动声色地笑笑，说，你放心，我可不是传销或者直销。我只是觉得，你姐姐有变得更美更好的权利和余地。

许皓也笑了。虽然说是顺道送许涵来的，他也留下来听了杨晨的那节课。

课后，许皓和许涵请杨晨一起吃饭。一个学生正在问杨晨，个子矮的女生要怎么选择裙子。

个子矮的女生选择下装时一定要讲究。杨晨指一指自己，如果我们想显高，可以穿短裙，也可以穿超长的裙子，但就是绝对不可以选择及膝或者七分八分九分长的。

学生满意离去，而许涵说，我以前还真不知道穿衣和化妆有这么多讲究，还有专门的学校，是要大力培养造型师吗？

我们学校大部分学员来上课，都不是为了以后往造型方面发展哦。杨晨说，几乎三分之二的学生都是为了提升自我价值，为了更自信自尊而来的。

女性的自尊自信非常重要，不止是在职场，在婚姻里也同样不能忽视。自尊自信比较低的女生，在遇到对自己的贬低和轻视甚至虐待时，容易选择忍耐，甚至根本没发觉对方的错误，于是会沉沦在幸福度非常低的关系里无法离开，无法改变。

每个女生都是女神，但有时候，你需要付诸努力和坚持才能破茧。生活这场一镜到底的戏里，需要积极的千百次不断的练习，才可能换来别人以为轻松易得的美丽。

许皓看着眼神晶亮充满自信的杨晨，对许涵说：姐，我觉得你应该来上上课。

许涵来上课的半年，许皓每次都当专业司机和助理，陪着她听课，管杨晨"杨老师杨老师"地叫个不停。

许皓说，杨老师，我表妹下周结婚，我觉得她的婚纱照的妆有点不适合她。她结婚那天跟妆的人就是照婚纱照的化妆师，我想换掉请一个更好的。你有空吗？

他又说，你其实是不接这样的活的吧？如果得罪了，不好意思。

怎么会。杨晨把散落的长发用发圈随意地扎起来，你挺重视家族亲情啊，陪姐姐见陌生人，替妹妹找婚礼跟妆师。

因为结婚是女孩子一生中两个最美的时间之一，我希望她没有遗憾。

我只听人说结婚是女孩子最美的时候，还有一个是什么时候？杨晨问许皓。

生下孩子的时候，疲倦却欣喜的素颜。许皓说着，又急急地解释，杨老师，我可不是男权主义啊，我没有觉得女人非要生孩子，只是我觉得那个瞬间，非常有人性的美感，无可超越。

所以你还是觉得，女性素颜更美啦？杨晨笑。

也不是，化妆或者不化妆，穿什么类型的衣服，宗旨都一样，先悦己再悦人。如果颠倒过来，这样的女孩子再漂亮，也不够美丽。许皓顿了顿，看着杨晨：而我们又自信又漂亮又美丽的杨老师，有需要你取悦的人吗？

杨晨摇头，笑容闪耀：我会认真而诚恳地把自己变成自己喜欢的样子，然后我一定可以遇到那个不必取悦的人。

那么，既漂亮，又美丽，还自信的你，可以在替我表妹打造她最美好的一天的最完美形象之后，见一见我的家人吗？

顺序错了吧？杨晨挑挑眉，你不是应该先追求我吗？

许皓微微地，红了脸。他说，杨老师，我现在不是正在追求你嘛。

不要依赖别人给的完美生活

> 我输掉了爱情，输掉了婚姻，但我没有输掉我的
> 整个人生。

据说现在的离婚率已经高到足以让人觉得不离婚一次都不算生活过。但依依遇到的境况足以归入到不堪的境界，让人再一次见识到爱情和婚姻在人性的翻云覆雨下，能够丑陋到什么程度。

依依和她准前夫李成梁是青梅竹马，两家父母早识，彼此知根知底。李成梁家从商，家境殷实优渥，依依家虽然不算富贵，但她爸爸在实权部门占据着实权职位，虽然没有替依依夫

家谋过什么门路，毕竟关系摆在那里，李成梁家办起事来，人家多少会给点面子。

李成梁十八岁时和十六岁的依依牵手，至今已十四年。李成梁是典型的"你看看人家的老公"的典范，对依依嘘寒问暖，管接管送，结婚七年，每天出门吻别，回家拥抱，出差在外一小时一条信息两小时一个电话，睡着了也必然牵着依依的手。

结婚后，李成梁坚持让依依辞了工作，在家里做全职太太。要说全职吧，依依从不做家务，李成梁雇着两个家政工，甚至还给依依雇了一个司机一个生活助理，陪着她出门玩耍，逛街吃饭。依依从来没有自己的信用卡，都是直接刷李成梁的，买多贵的东西，李成梁也从不在意。

李成梁还说，全职太太也不能和社会脱节啊。他但凡有聚会都尽量带上依依，每年都空出半个月和依依出国旅游。

李成梁如此完美还不够，依依的公婆对她也是如同对自己亲生的女儿，从没有让依依有任何一点可以抱怨挑剔的地方。寻常人家屡见不鲜的婆媳矛盾，依依根本没有经历的机会。甚至她和李成梁结婚七年没有孩子，去医院检查后发现问题在依依，公婆还特意安慰她说，只是需要调养，又不是完全不能生育，没关系的。就算真的没有办法生孩子，那也是我们老李家没有这个命，我们不在意。

依依三十岁时，李成梁替她安排了盛大的生日宴会，大手笔地把我们这些朋友都拉到普吉岛去陪依依吃喝玩乐，那个时候我们谁都以为王子公主的童话偶尔也是会在现实中存在的，再感叹，找男人，果然还是要趁早啊，彼此陪伴度过漫长年月，感情日渐生长，盘根错节，再无动摇。

可是人生好像永远有"可是"。

可是三个月后，依依居然要离婚了。

依依生日刚过完，她父亲便因为脑溢血去世了。丧事办完，依依在娘家陪妈妈住了半个月，等再回到自己家里，发现李成梁和他父母都在。

还以为公公婆婆是特意来安慰自己的，依依心里小小地暖了一下，结果李成梁第一句话就让她以为自己在梦游。

李成梁说，明天我们去离婚。

说完，他就起身离开了家，留下莫名其妙的依依和他爸妈。

婆婆说，依依，我们也没办法，你这么多年了也没给我们老李家添个孙子，现在成梁外面有人，已经有孩子了，我们为了老李家的血脉，不得不请你让位。

公公把一份离婚协议放在桌上，摆出家长的威严说，你签了这份协议，你们结婚七年，我们补偿你五万块钱，如果不签，那就走法律程序，我提醒你，成梁名下一点资产都是没有的，你们的房子车子都是我和他妈的名字。如果走法律程序，你连五块钱都拿不到。

信息量太大，依依毫无准备，一下子蒙了，李成梁的爸妈什么时候离开的，她根本不知道。

等她稍微回过神来，偌大的家里，只剩下她和那张协议。

她说，要到那个时候，她才明白，这么多年的完美婚姻，满分丈夫，亲如父母的公婆，都不过是一场戏——公婆的好，只不过是因为她父亲有利用价值，值得他们粉饰太平，营造假象。

而李成梁，根本早已暗度陈仓，日日在身边笑语温存的人，原来一直戴着面具。

而父亲的去世，和她的不曾生育，使她轻易地就成为了弃子。

她去银行查了，李成梁确实一分钱的资产都没有，在结婚的时候，他就把他所有的钱转给了他爸爸，这些年他们的吃穿用住，所有的钱进钱出，都是以他爸爸的账户进行，除了信用卡，他名下一无所有。

也就是说，他们没有共同财产，即使证明了李成梁是婚姻的过错方，她也争取不到什么。

这么多年，布下这么深的局让依依深陷其中，最悲哀的是，单纯的依依从来没想过，人人称羡的生活背后，是这么深的黑色，藏着这么多锋利的刀刃。

她的家，她赖以生存的生活来源，她的骄傲，她的幸福，她对世间一切的信心，忽然就没了。

依依的妈妈同时受到丈夫去世女儿离婚的打击，大病了一场，在医院住了大半年。

依依每天往返娘家医院，还要面对李成梁的父母三天两头来逼着她签字离婚——李成梁根本不出面，他在依依的生活里彻底消失了，把烂摊子留给父母收拾。

或者，应该倒过来说，正是这样的父母，才有李成梁这样的儿子。

依依也不知道自己是幸运还是不幸运，和这样的人家这样的丈夫过一辈子，实在是恐怖的事情。但如果这个童话一直都没有反转，童话里的人都没有黑化，是不是这样过一辈子也就过了呢?

很多事情，大概不是不知道比知道幸福，而是不知道比知道舒服。

她没有去深想这些事情，摆在她面前的，具体而实际：离婚还是不离婚，怎么在没有工作没有存款的情况下，生活下去。

她特意去看了亦舒的《我的前半生》，本来是想去找应对离婚指南的，结果看完了发现，小说还是小说，同样是失婚，同样是老公翻脸无情，但女主角能去做艺术家，她还有房子，有钱，有一对儿女，依依呢？有什么？

是的，小说总归是小说，现实人生残酷得多，没有那么多天外飞仙拯救你的痛苦。依依开始认真思考自己人生的走向。

她平时并不是挥霍无度，但她会的东西也有限，能够维持生存的技能就更少了。她做得一手好手工蛋糕，但现如今，烘焙手工坊到处都是，根本不适合作为职业。而她专门学过的插花又实在太冷门，她的技术和人脉又不足以让她去插花班当老师。其他的工作，一个三十岁却从无工作经验的女子，实在需要很大的运气，才能被聘用。

依依没有这样的运气。不久之后，她妈妈也去世了，留给她一套房子和并不富余的存款。她好像彻底地从云端摔了下来，结结实实，无法动弹。

办完了妈妈的后事，依依也病了一场，她发高烧好多天，终于还是打了电话向我们求助。

我们把她送进了医院，住了半个月的院后，依依出院了。

她好像变了一个人。

她主动找到了公公婆婆，要李成梁和他去办离婚手续，她什么都不要。

要到这个时候，在民政局的离婚办理处，她才再次见到了曾经视为一生依靠此生挚爱的李成梁。他的样子一点也没变，品位格调相貌身材都维持得一流，无名指的婚戒已经换了一种款式。而她，尘满面心如枯槁，即使与他并肩，也不再像金童玉女。

他们彼此没有交换一句话，匆匆签了字，就此分道扬镳，再无交集。

然后，依依去送快递了。

生活于她，此刻活下去已经是最为重要的事情。人生已经如此残酷，她已落至谷底，山上还在连续不断地滚下巨石。稍有松懈，便会永无翻身。

依依说，我住院时，和我同病房的那个姑娘，比我小五岁。她嫁了一个并无恒产也无恒心的丈夫，被婆婆嫌弃生的是女儿，为了生儿子再次怀孕，婆家得知又是女儿之后，她老公和婆婆一起逼着她引产，如果不答应就离婚，而且不让她看女儿。

她哭着跟依依说，如果我不陪着我女儿，她一定会被他们虐待的。

那个时候依依才明白，并不是只有自己看不到未来。

多么风光的曾经都不代表现在。而唯有现在的踏实前进才有自己能掌控的未来。如果不咬着牙站起来，那么到来的，一定只是更加无尽的黑色，最终落入的深渊。

命运交给每个人必须面对的烦恼，必须解决的问题。有人幸福得一生顺风顺水，但既然那不是你，你就要面对一切，奋力向前，即使头破血流，也要拼尽全力。即使一路血泪斑斑，朔风如刀，也要不屈地坚定前行。

除了自己，我还有什么害怕失去的呢？依依说。和李成梁死磕到底，即使得到什么，也不过是惨败，我已经浪费了前半生，后半生不想再被他们这些渣滓耽误。我必须用放弃去获得更多。人生的确是荒凉寂寞的，但是我们仍然要继续活下去。

她脱下高跟鞋和昂贵的套装，穿着厚重的工作制服，开着小三轮车，一个快递一个快递地收和送。

但和其他快递员不同的是，她从不因为怕货被盗或者要送的件多而让客户下楼取件。她会在楼下打电话和客户确认是否可以送上楼，然后尽量送到客户家门口。而承诺三点会送到的件，她也不会因为任何原因四点送。

工作和爱情不同，工作上你付出了十分努力，无论如何，都还是会得到回报的，即使那回报只有最起码的一分。

依依开始成为她负责的片区的客户首选的收件员，即使她服务的公司的快递价格比其他家每一单贵了几块钱。

半年多后，她抵押了妈妈的房子，卖掉了李成梁在那场婚姻里唯一留给她的婚戒，加盟了一家新的需要开拓市场的快递公司，成为代办点的经营人。

再后来，依依赎回了妈妈的房子，还开了一家经常被美食栏目和网友推荐的，每天晚餐时间都有顾客排队等位的餐厅。

再然后，依依要结婚了。

依依的再婚对象是她送快递时认识的，自己经营着一家并不太大的互联网公司，带着书生意气地创着业。他那时候并不知道依依的故事，但在偶然遇见依依来送快递之后，他就交代前台说，以后公司的快递都交给依依来送。

雪中送炭从来都是一种展现人格的行为，因为从投资概率来说，它的回报率实在太低，而从人性来说，它从不求回报。

毕竟自己的父亲曾经经历官场，而前夫家又从商，依依对于经营上的事情虽然并不特别了解，但对于这个环境也不算毫无经验，比起男朋友，这方面依依更为成熟和睿智。依依后来给了他很多经营上的意见和建议，两个人一起把公司也做大了。

她送喜帖给我的时候，我一边开心，一边犹疑。我问她，你还相信爱情？

依依轻轻点头，带着像一朵柔美的茉莉花般柔软的笑容。

我也以为我不再相信爱情，就像我曾经连人生都不相信了。依依说，我也曾经气苦地想要自暴自弃，我也曾经疲倦地想要就此结束。但就是因为实在太过于不甘心，太过于被恶心，因此不想彻底地输掉自己。

向前走，有时候就是靠着那一口气。

而越向前走，你越发现，人生其实还可以美好，自己原来还有无限可能，爱情虽然有丑陋的一面，但那只和遇见的人有关而和爱情本身无关。它们也许都不容易被发现，但真正饥寒交迫过的人才会明白，一碗白粥里的真味。

她又说，女孩子的一生，不怕结不成婚，只怕嫁错了人。嫁人嫁人，总得嫁的是个人，不然，不如不嫁。而不管嫁不嫁，我们都应该独立、勇敢、骄傲。这个世界有我们想象中以为的所有美好，但是需要你自己努力去为之奋斗。我输掉了爱情，输掉了婚姻，但我没有输掉我的整个人生。任何事情都靠自己，自然是比不劳而获累多了，但得到的东西即使完全一样，也更为可贵。我现在已经不怕面对任何困境任何挫折，我幸福的基础不再虚无，它在于我自己的心。

不要轻易相信别人给予和承诺的完美生活，别人给你的，别人也可以拿走。

而自己闯出天地时，所拥有内心平静的力量，才是最大的，最踏实的幸福。

未来不会辜负你当下的努力，岁月在结尾，终会给出得偿所愿的回报。

PART 4

幸福总是不期而遇

每一个半圆，都能遇到一个完美的契合，

每一个好姑娘，都能得到一个完美的幸福。

终会遇到那个人

人生那么长，未来那么远。总会有一个人等待着等待着，为了能够遇见你。他的爱会落在你的无名指，绽放成为永恒。

保安大叔没打招呼，就把一顶安全帽盖在了李喜喜的头上。

喜喜咦了一声，拿下来看了看，又戴回了头上。

陪喜喜看房的置业顾问程乐是个高高瘦瘦的男生，他抱歉地笑笑，为了保安大叔粗鲁的动作。又说，很多女孩子都不爱戴安全帽。

安全第一哇。喜喜笑着，眉眼弯弯，她说，我可是就要当新娘的人，万一被高空坠物弄伤了多得不偿失。

她又说，戴上这安全帽圆圆的好像一只蘑菇啊，麻烦你替我拍张照吧，我要给我男朋友看。

于是喜喜蹲在还在建设中的小花园的一角，戴着安全帽笑得见眉不见眼的，让程乐替她拍下了照片。

喜喜欢天喜地地把照片发给了肖东。

隔着时差，肖东还在沉睡，没有回复。

但在喜喜心里，幸福的小蘑菇，漫山遍野地生长着，覆盖了天地。

喜喜看的房是准现房。准现房就表示，主体工程已经完成了，正在进行的是内外墙装修和配套施工，小区内的设施大致的轮廓已经成形，楼间距、房型、层高一目了然。

程乐说，李小姐，我们这个还算是期房，不算现房。

置业顾问这么诚实，喜喜表示很满意。

程乐带着她上上下下看遍了小区里的各种户型，喜喜最终选中了一套一百平的有着宽大落地玻璃的大房间。

二十八楼，朝南，温暖而不暴烈的阳光直落而下，静静地落在喜喜满是幸福的笑脸上。

她嚷嚷着，跟程乐说就这套了，我马上下订单。

肖东是这样安排的：喜喜先看房，下订单，等他回国就去登记，然后买房，装修，开始两个人终于不再异国恋的幸福人生。

他下个月就要回国了，我等了他五年，终于不再两地分居了。喜喜仰起头，感觉阳光在眼睑上渲染出的一片金黄，她对程乐说，我总算，到达彼岸了。

程乐也笑着点点头，他给喜喜看手里拿着的房型资料，告诉她哪里是承重墙，哪些是装修中不可改动的设计，然后他说，李小姐，定金是不能退的。

我知道。喜喜点头，指一指阳光最好的位置：程先生，你说这里做书房是不是很合适？我那个蠢萌的学霸男朋友可喜欢读书了，这里给他放一个摇椅，他一定很高兴。

另外还要养只猫，我就抱着猫，坐在他旁边，和他一起看书，度过安静的周末时光。

程乐点点头，说，光是想象，都觉得岁月静好。

喜喜笑了。她想，肖东要是像这位置业顾问多好，有求必应，愿望永不落空。

天南海北的隔着，平均起来两年里只有十几天的相处，再加上时差，喜喜确实已经不记得肖东让她失望过多少次了。

但是他也不是存心的呀。喜喜对程乐说，生日、纪念日、圣诞节、情人节的时候，搬家、失业、寂寞、夜归、生病的时候，他也并不是不想陪我，只是条件所限没办法。身不能至，心向往之。

程乐点点头，说我能体会。然后他递给喜喜定金收讫的单据。

他把喜喜送到的士旁，拉开车门，护着她上了车。

他对喜喜说，李小姐，祝你做个幸福的新娘。

肖东没有出现在喜喜殷切等待的接机口。他没有上那班飞机。喜喜在接机口等待了两小时后，收到了肖东发来的微信。

肖东说，谢谢你这些年的等待，但是我觉得我们不合适，分手吧。然后，他把喜喜拉黑了。

喜喜完全蒙了。她翻看着和肖东的聊天记录，找不到一丝一毫对现在境况的暗示。她完全不相信这个自己十八岁就认识，爱了五年多的人会这样干净利落地把对自己的感情移除。

她的心像是被反复折叠，揉皱成不清不爽的一团废纸，再被投进脏兮兮的垃圾桶。

后来，喜喜才辗转得知，肖东已经劈腿很久了。他的新欢和他同在美国，朝夕相处，日久生情。

有好事者给喜喜发了肖东和新欢的合影，那两个人在黄石公园牵着手，笑得一脸地老天荒。

喜喜看着肖东的眼睛，看得眼睛泛红。

她也曾经住在那瞳孔里，她曾经相信自己会永远住下去。

她想，她得去把肖东找回来。她不甘心输给距离和时间。

公司不准长假，喜喜辞了工作，义无反顾地去了美国。

从洛杉矶到北京的飞机上下来，喜喜就蹲在行李提取转盘旁。一圈一圈转过的行李箱，红的黄的绿的，她想，一整个花花世界啊，但为什么我的行李就是不来呢。

然后口袋里刚刚开机的电话响了起来。喜喜那个时候才想起来，所有的东西都在背上的双肩包里，自己根本没有行李。

电话是程乐打来的，他说，李小姐，您的首付什么时候转过来？然后你要办贷款手续还需要这种那种各种资料……

喜喜打断他，她说，程先生，不好意思，房子我不买了。

程乐愣了一下：是首付方面有问题吗？还是看到更适合的楼盘了？或者是您和您先生……呃……有什么不妥？

肖东根本没见喜喜。他托中间人接待的喜喜，还告诉喜喜，时间和距离都是磨灭感情的利器，肖东的心已经转向了，昨日种种昨日死，他确实欠她一句抱歉，但是不打算还了。

嗯，非常不妥，大大的不妥。喜喜说，我失恋了，也失婚了，还失业了。程先生，再见了。

再见了。这句话，踏上回北京的飞机时喜喜也说过。

她站在登机扶梯上面对着蓝天大声喊着，肖东，再见了。爱情，再见了。

当然有人侧目，但是管他的，李喜喜已经没有什么好失去的了。

两天后，喜喜收到一个短信。

是银行的转账通知，她的账户到了一笔和买房定金等额的款。但汇款方并不是她拿到的定金收据上的房产公司，而是程乐。

　　程乐曾经有个女朋友。那是他学妹，娇娇俏俏的女孩子，笑起来脸颊上有小小的酒窝，穿着深蓝色的百褶裙和白衬衫，走进了十七岁少年的心里。

　　那时的阳光，明亮到了程乐的心底里。

　　大学他们一南一北，开启了异地恋的漫长过程。女孩说打工辛苦，程乐便把自己的生活费都寄去为了让她少端两小时的盘子。女孩说想去旅游，程乐就托老同学带女孩走遍了周边。女孩说不放心家里，程乐每月坐十四小时的火车，去女孩家看望她父母，女孩的任何事情程乐都一力承担，像是那本就是他的责任。

　　而三年后，女孩说，我生日、纪念日、圣诞节、情人节的时候你在哪？搬家、寂寞、夜归、生病的时候你在哪？我们的距离太远了，我很寂寞。我和别人在一起了，分手吧。

　　简单几句话，就将那些岁月里单纯的爱变成了一场残忍的凌迟。程乐试着挽回过，但是没有结果。

　　程乐本打算考研到女孩毕业执意留下的城市去，但因为分手，他还是放弃了考试，也放弃了旧日同学朋友的正常交流，把自己关在租来的小房间里，整天上网玩游戏，靠着家里给的生活费日复一日地把时光磨过去，不想去看明天在哪里。

自暴自弃了一年后，某个早晨，程乐看着镜子里映出来的满脸写着一个"衰"字的自己，忽然笑了。

他觉得自己应该振作起来了。

他想，人生总是有起伏的，但所有起伏，都应该可以让人学会如何站得更高。

感情总是会有绝路，但那些绝路恰恰是为了让人迷途知返。光熄灭了总会落入黑暗，但曾经亮起的光芒，就是不再困于黑暗的理由。

于是他找了份售楼的工作保证自己的正常生活，同时选定了符合自己未来发展的学校，开始第二次的备考。

喜喜去看房时，程乐像是看到了当年活在爱情里的自己——他们眼睛里都有对爱情执着的光芒，那光让一切孤单、寂寞、苦楚都变得如轻尘一般，不值一提。

他想，自己的女朋友要是如喜喜一般对爱情有着信仰，也许幸福就不会那么遥远。

所以他衷心地对喜喜说，祝你做个幸福的新娘。

但他的祝福没有实现。喜喜失恋失婚失业，还失去了原本营造幸福家庭的定金。

程乐结算了自己半年工作的佣金，找财务部要到了喜喜的账号，把定金退给了喜喜。

喜喜说，你为什么帮我？

程乐答，有钱，任性。

得了吧你。喜喜拒绝，我得把钱还你。

程乐没有回答。他问喜喜，接下来，你打算怎么办？

喜喜说，我要认真地找一份能够长期发展的，让我潜下心来认真面对的工作，我还打算去考职业资格证。另外，一直想学的古琴，也要开始学了。还有啊，我曾经计划每半年去一个地方旅行，现在也可以提上日程了。

爱情呢？

只要我足够好，有没有爱情也没关系。但是我相信，只要我足够好，我一定可以遇见那个很爱我，我也很爱的人。

在这个世界上，一定有一颗心等着和我遇见，然后，再也不会离开我。

程乐看见了，那让一切孤单、寂寞、苦楚都变得如轻尘一般不值一提的光，又在喜喜的眼睛里闪烁起来。

他说，李喜喜，我们彼此督促，一起努力吧。

程乐拿到研究生录取通知书的那天，喜喜已经存了不少钱。她打算给自己选一套小平米的单身公寓，约程乐陪她去看房。

接过保安大叔递过来的安全帽，戴在头上，喜喜对程乐说，戴上这安全帽好像一只蘑菇啊，你替我拍张照吧，我给我男朋友看。

于是喜喜蹲在新楼盘还未营建完成的小花园边，让程乐替她拍下了眉眼弯弯的照片。

喜喜把照片发到了程乐的微信上。她说，程乐，你做我男朋友吧。

说这句话时，喜喜仰着头，直看到程乐的瞳孔里去。

她的笑容，带着七彩的光。

程乐笑了。

他没有说话，轻轻地，牵住了喜喜的手。

每个人的生命里，都可能有这样一个人。

他的出现，像是神赐予的世上最温暖的光。

但当那光芒忽然暗去，你才发现，你遇见他，只是为了和他告别。

而这场告别，或许会碎裂你的心，淹没你的眼，让你的血液结成冰，从此看不见世上的美好。

但人生那么长，未来那么远。

总会有一个人等待着等待着，为了能够遇见你。

他的爱会落在你的无名指，绽放成为永恒。

只要你愿意，继续向前。

爱情有时会突如其来

如果两个人对待这份感情都同样认真，如果两个人想要彼此相伴的心情一样强烈，那么，在一起，是最好的选择。

玫瑰失恋了。

这年头，别说失恋，就是失婚也不过是寻常事。但玫瑰的难过，还是没有因为这样的理论而减缓一点。以前两个人在一起，自然就能度过的时间，失恋后，一分一秒都是漫长炼狱式的折磨。

为了减缓这种痛苦，SPA、瑜伽、健身、烘焙、读书会……玫瑰试遍了所有能够找寻到的杀时间的方法，但是都是初时新鲜，过上两三次又失效了。

有一天，玫瑰说，我终于找到了一个最有效的方法——微信摇一摇，能陪你聊天，打发你寂寞的人，要多少有多少，要哪款有哪款。

你不会学人家约……什么吧？我大惊。现在老提"约"的太多了，但真感情又太少了。置身于"摇一摇"的环境下，目标都是玩玩而已。

玫瑰这姑娘，虽然已经二十五了，但心性还是如小姑娘一般单纯爽朗。前男友爱她时说她如少女一般天真可爱，不爱她了就指责她幼稚莽撞、毫不成熟。

男人嘛，爱你的时候，你呵口气都比别人可爱，不爱了，你的存在本身就是个错误。

而天真明媚的玫瑰，要对战那些躲在ID之后性别不详性格不详婚否不详目的不详的人类，我很害怕她会吃亏。

玫瑰听了我的话后，仰头大笑，她说：我还有什么好失去的呢？再说了，本来就没有抱着寻找真爱的心情去摇一摇，不过是寂寞时找个对象聊天，我把对方当作虚拟机器人而已，有什么不好？

夜路走多了难免撞上鬼，微信对象聊久了也难免滋生出一些似是而非的暧昧感情，虽然玫瑰言之凿凿根本不期待摇出来真爱，但人心啊，总是会对自己有着过剩的估值。

让玫瑰的少女心重新燃起火焰的，姑且叫他吉他君吧。他和玫瑰聊得比较多的话题是地下乐团。虽然玫瑰不太懂音乐，但她的前男友在地下乐团当主唱，为了这个情愫，玫瑰对吉他君很是热情，相谈甚欢。聊久了，就仿佛真的是熟人一般，相约着一起去看了几场乐团演出，逐渐地，也就真的熟络起来。

玫瑰病了，吉他君也不仅会说"多喝点热水"，而且还从单位请了假陪她去医院问诊看病；玫瑰晚上在朋友圈发一句想吃美食，吉他君必然会驱车前来载玫瑰前往她想大快朵颐的地方。

怎么看，这都是个准合格男友，一来二去的，似乎恋爱的展开也不过是时间问题。

但又一次去看乐团演出时，玫瑰在众目睽睽之下，被一姑娘兜头盖脸地扇了一巴掌。

吉他君，他是有正牌女友的。

玫瑰愤而离场，拉黑了吉他君，心里感受到又一次失恋的无奈、愤恨和抑郁。

谁让我遇上一枚暖男呢。她说。

我呸！只对一个人暖，才配叫暖男，对所有可能的暧昧对象暖，那是实打实的渣男。

暖男，如同大叔，本来都是很不错的存在。但太多人误解、刻意混淆其中的定义，搞得好好的一件事硬是变得让人厌恶。

玫瑰说，管他暖男还是叔，反正我是再也不相信爱情了。不瞒你们说，这几个月，摇出来的猥琐男居多，正常人没几个，虽然是排遣寂寞的良方，但是我已经决定只玩游戏，不动感情了。不约，叔叔我们不约。

那之后，玫瑰微信上的好友list越来越长，平时手机叮当叮当的来信提示简直要烦死社交软件使用率拉低全国平均水准的我。但玫瑰已然达到了摒除了过剩期待的境界，只走流量不走心。

只是，玫瑰和光良君，仍然是通过微信认识的。

那天玫瑰去图书馆找我推荐给她的几本恋爱圣经鸡汤书，但她对于图书馆的检索系统相当陌生，求助现场工作人员却总是只得到"等一等""现在很忙"的回复，盲目地晃荡了半小时之后依然一无所获，于是她打开了微信，搜索附近的人。

有一个人顶着个小王子的头像，超像她曾经暗恋过的伟光正的已经身在哈佛的学长。没有犹豫一秒，玫瑰发起了好友申请。

小王子就是光良君，他没有通过玫瑰的验证。

玫瑰又一次发起好友申请，说明了缘由，光良君这才通过验证，还现身替玫瑰找到了那几本书。

　　但是对于玫瑰提出的去喝杯咖啡以表达感激的提议，光良君拒绝了。不约，光良君不约。

　　玫瑰去图书馆听关于《史记》的公众讲座时，再次遇到光良君。光良君没有认出玫瑰，他坐在玫瑰前面一排，和两个男生一个女生一起。

　　看来这是一场相亲。两个男生一直在向女生推销着光良君。一个说"我师兄性格特别好，也从来没有红颜知己，对女朋友会特别专一的"，一个说"我师兄专业成绩可好了，而且从来对我们这些菜鸟后辈都是毫无保留地倾囊相授，是现在难得的暖男"。

　　听到暖男两个字，玫瑰就忍不住笑了。

　　光良君倒是有点手足无措，对这场相亲的抗拒表现得很明显。玫瑰拿出手机，打开微信，点开小王子的头像，发过去一条信息：需要帮忙吗？

　　光良君没有给玫瑰横空出世冒认女友拯救他于尴尬的机会，但是他请玫瑰喝了杯图书馆的咖啡厅难喝到极致的咖啡。

　　玫瑰说，这咖啡是什么鬼？你是失去了味觉吗？

　　那之后，玫瑰和光良君才算是熟悉起来。但是光良君并不是一个寂寞重症患者，他很忙。他给玫瑰发的微信不是图书馆的新讲座的内容和时间，就是向玫瑰推荐值得一读的新书。

我问玫瑰是不是对光良君有想法。玫瑰说，哪能啊。我对微信摇来的男生才不会动心呢。再说了，我很忙啊。

玫瑰确实很忙。她抗不过家里的强大压力，开始了一板一眼的相亲。

在经过了N次相看两不对眼之后，玫瑰倒是和其中一位有了进一步的接触——虽然他有点中二气质，但玫瑰的爸妈对他倒是非常满意。玫瑰说，她觉得这可能和中二君的政府机构小职员的职业有一定的关系。

而中二君的中二气质表现在哪里呢？中二君对妻室的要求是，能共同赚钱营造优渥生活，又足够美貌到在外面给足他面子，还能温柔体贴不提要求不添乱。总体来说，玫瑰是不完全符合他的要求的，但是玫瑰家的家底丰厚，玫瑰的样貌也能够着女神的边，所以中二君力图改造玫瑰，成为他理想中的娇妻。

玫瑰是这样自由奔放、性格开朗、热爱热闹的女生，改造她简直不要太难。所以在婚姻这件事上，自然而然地就谈不到一块儿去。

但玫瑰的父母对于玫瑰提出的不想再相处的抗议，总说"再坚持一下，多相处就会好了"。

所以你就坚持了四个月？我问玫瑰。

不然呢？玫瑰伸出手拿了一块蔓越莓小饼干，我妈总号称因为我的终身大事她要犯心脏病，我总不能真的气得她犯病吧？何况，我现在也没有合适的对象，先处着呗，看谁先败下阵来——中二君要早日成亲的心思是很迫切的，这一局，他先败走的可能性很大。

于是和中二君见面约会时，玫瑰玩微信的频率更高了。终于有一次，中二君用手盖住了她的手机屏幕。他问玫瑰：你就不会为了浪费我的时间而羞愧吗？

终于，玫瑰和中二君分道扬镳了。

玫瑰兴高采烈地在朋友圈晒了一张比出V字手势的照片，还写了一句话，"自由最高"。

十分钟内，她这条朋友圈广播得到了数十个评论——那些各异的ID像是商量好了一样，用"约吗？"排出了长长的整齐的队列。

玫瑰打开评论页面给我看，笑得花枝乱颤。

我沉吟了一下，还是说：玫瑰，微信摇一摇，见面约会聊天这种事情，还是不要再继续了吧。

要疗伤也应该已经疗完了。再寂寞，也不能依靠这么虚渺且毫无诚意的方式去改变。那一个个"约吗"，在我看来，就像一张张猥琐的脸，在屏幕的那一边展露的是轻浮的笑容。

和中二君散伙后，玫瑰日渐忙碌起来。我发微信给她时，她很少再像以前一样，开启一秒回复模式。

这也可以理解，玫瑰打算考研。

最支持玫瑰考研的不是她父母，而是光良君。玫瑰偶然和他提起打算重回校园考研，那之后光良君就常常发送给玫瑰相关的各种资料和内容，还替她借了他们学校研究生楼的出入卡，让她能方便地在自习室温习。

但玫瑰和光良君对于考研这件事也有着分歧。

像玫瑰这样自由奔放、性格开朗、热爱热闹的女生，想要考研的初衷，绝大部分是出于对校园生活的憧憬和回味。而光良君对待学问，有种天然的学究气，总散发出一种被玫瑰称为"类宅男"的不懂变通的气息。于是两个人在考研这件事情上，就成为了两种观念的碰撞。

玫瑰觉得，不管出于什么理由，我有心想学，总是值得被大力赞扬给予鼓掌支持的事情。而光良君觉得，考研是件严肃的事情，它的初衷可以是你想要提升自我学识，或是在职场中提升自我价值，但总不该像玫瑰这样抱着小孩子一般的玩笑心态。

于是一个是自我感觉良好的浪漫主义，一个是坚持理念不放的现实主义，平时围绕考研这个话题，连两个人的相处也开始火花四溅起来。

直到有一天，当玫瑰在自习室里捧着一叠参考书却又发起了呆时，光良君问玫瑰：你能为了我，努力一下吗？

对于光良君突如其来的告白，玫瑰并没有即时回应。

她问我：你说微信摇来的男生，到底靠谱吗？

我问她：他在那一堆排队问你"约吗"的人里面吗？

NO。玫瑰摇头。

那就行了呗。我觉得，爱情这件事情，于何处相逢并不重要，重要的是，你遇到的那个人，是值得你遇见的人。

如果两个人对待这份感情都同样认真，如果两个人想要彼此相伴的心情一样强烈，那么，在一起，是最好的选择。网络有没有让人心变得遥远尚无定论，但不爱，总比相爱遥远。

玫瑰微微闭上眼，仰起头思考了一秒钟，然后拿出手机，打开微信，点击小王子，按住语音输入的键，说，光良君，我愿意。

光良君秒回了一张图片，是他们相遇时图书馆咖啡厅的落地长窗外澄蓝的天空，云朵悠游，像是带着树木草本香气的风。

谢谢你不爱我

就算没有资格做他的女朋友，我也不想被他的眼神羞辱，我要努力进化成更精彩的人。

大年三十晚上，在无数条拜年信息的轰炸里，橙橙的信息别具一格。

她说：妍妍，你知道怎样才能最快地减肥吗？

橙橙是坚定的美食爱好者，她手艺好，一个人能整出一桌完整的酒席来，甜品烘焙也不在话下，还常做了果酱果酒馈赠亲朋。情人节她做的手工巧克力，圣诞节她做的圣诞姜饼，都是我每年衷心的期盼。

我们每次都由衷地说，橙橙你真是贤妻良母的最佳代言人啊。

只是橙橙没有男朋友。

大概是因为，这到底是一个看脸的时代。

橙橙并不丑，但她胖。连"橙橙"这个爱称，也是根据她的体型来的。

但橙橙不减肥。每次我们一帮朋友聚会时嚷着"哎哟，吃这么多必须减肥的节奏啊"时橙橙总是说，减什么减，食欲都没有了，人生还有什么意义。

所以当她主动问怎么减肥最快这样的问题时，我马上意识到，她一定受到了不小的刺激。

橙橙被男神刺激了。

橙橙的男神和她同一公司，领导橙橙所在的小团队，把业务做得风生水起。

男神平时和橙橙相谈甚欢，中午在食堂吃饭时也常主动端着餐盘坐到橙橙对面，和她聊天，说段子逗得橙橙食欲更增。

橙橙对男神并没有非分之想，男神是有女朋友的，橙橙见过，高白美，和男神十分相配。橙橙把对男神的小倾慕埋藏得很好，从不做灰姑娘的梦。

哪怕男神请她代为制作送给女朋友的情人节手工巧克力，

橙橙也并没有醋海翻波，她跑遍市内所有大型超市，悉心选择最好最新鲜的材料，在情人节前夜安静而认真地做出草莓白巧克力，再把它们组成花束，为男神的爱情添砖加瓦，发光发热。

几乎熬了一个通宵，橙橙才带着完美的情人节手制花束到公司，交给男神。

情人节距离过年，不过只剩下三天。公司里大部分同事都已经请假踏上回家过年的路，安静的公司里，男神蹙着眉头看着电脑，对捧着草莓白巧克力和花束的橙橙说，我今天必须加班，但是快递都不接单了，这心意，我怎么送到女朋友那里呢？

橙橙一贯古道热肠，她说，我替你去送吧。

于是橙橙又捧着自己做出来的心意，打车去了男神女朋友的住所。

男神女朋友打开门，看到橙橙，露出意外的神情：你们快递不是年前不送单了吗？

橙橙怔了怔，说，我不是快递，我是那谁的同事，他今天要加班，所以我替他把情人节礼物送给你。

男神女朋友的妈妈迎出来，对橙橙说，抱歉啊我女儿就是这么直，请进来喝杯热茶吧。

橙橙说自己得赶回公司加班，拒绝了。

门关上的时候，橙橙分明听到她们说：你别说，她那体型，还挺适合送快递的。

笑声随着距离越远变得越小，却变成一根刺，一点不浅地刺进了橙橙心里。

回到公司，男神对橙橙说，女朋友说巧克力花束太好看了，已经拍照发了朋友圈，还说要介绍朋友向橙橙订手工蛋糕。

橙橙笑着说，谢谢啦。

第二天午餐，橙橙到餐厅时比较晚。男神和另一个女同事坐在一起吃饭。

女同事对男神说：你不会不知道橙橙对你有点意思吧？

男神说：知道啊。但就她？呵呵。

男神背对着橙橙，她看不见他的表情，但那声笑，击溃了橙橙所有的自尊。

那笑声，把扎在橙橙心里的刺，变成了一把刀，在深不见底的心里搅动。

减肥说难也不难，不过是少吃多运动常坚持。

过了正月十五，橙橙便到健身会所注了册，还请了一个塑形的私人教练，开始进行严格的运动锻炼。

最开始的一个月，橙橙减肥的成绩斐然，整整减了十公斤。这是一个让我觉得不可思议和大吃一惊的数字，以至于我在朋友间大肆宣扬，甚为橙橙的毅力和努力沾沾自喜，好像减掉的是我自己身上那顽固的赘肉。

朋友们纷纷表示要见一见取得成绩的橙橙，吃烤肉为她庆祝，却在橙橙终于最后一个出现在聚会中时，集体沉默了。

橙橙是减了十公斤，但是因为基数不小，那十公斤并没有让她从橙子变成凹凸有致身材玲珑的尤物，她仍然像橙子，只不过，变小了一点。

从前最爱的烤五花肉烤牛舌，橙橙一口未尝。她整场都只喝柠檬水，不再全场都hold住地替这个烤肉替那个加酱料，她的眉眼比从前疲倦，精神比从前萎靡，笑容比从前暗淡，神采再无飞扬。

我们面面相觑，尴尬的氛围太过明显，被橙橙明显地察觉到了。

她站起来，说，我在，你们吃得都不痛快，我先走吧。

我们拉住她说，橙橙你这又何苦。不管你是小橙子还是大橙子，我们都发自真心地爱你，你永远是我们最得劲的朋友，最在乎的橙橙。男神什么的，你何必这么在乎呢，反正你也没打算做他的女朋友。

就算没有资格做他的女朋友，我也不想被他的眼神羞辱，我要努力进化成更精彩的人。橙橙说完便转身走了，留下我们看着她依旧有存在感的背影，无言以对。

自尊没有形状，也没有重量，但却有压倒快乐、刺痛心灵的力量。

橙橙正在和它搏斗，我很希望橙橙能赢，却又怕她即使胜了，也不过是惨胜。

之后的半年，我没有见到橙橙，她像是从朋友圈里消失了。我每一两周发过去的消息，打过去的电话，都得到了"我很好"这样并无实质内容的回复。

再见到橙橙的时候，是在夏天，我陪我家先生去选购夏装，却意外地遇到了橙橙。

我和她擦肩而过，却并未认出她来，倒是我先生拉住了我的手腕，指示我回头：那是橙橙吧？

我转过身，看到熟悉的，属于橙橙独有的神采飞扬的笑容，和陌生的，我第一次见到属于橙橙的玲珑有致的身材。

我跑过去，一把抱住她：姑娘，你成功了。你所有的努力和辛苦，都在我的擦肩而过却不识里得到了确认。

橙橙笑，她身边一个男生也笑。橙橙介绍说，这是我男朋友。

我仔细打量，也笑了——橙橙这男朋友，可比她那男神优质多了。

我问橙橙，是怎么做到的？分享下经验，让我也和旷日持久让我恨得牙痒痒的赘肉say goodbye哇。

橙橙说，最重要的，不过是坚持二字。

橙橙日复一日地严格按照教练制订的运动计划锻炼着，经过了减重—反弹，减重—再反弹和瓶颈期后，她终于把体重降到了理想的水平。

但因为心太急，一开始橙橙近乎断食，只喝水和果汁。

终于在体力透支的情况下，她晕倒在跑步机前。同在一家健身中心健身的男生送她去了医院。

橙橙在医院醒来，看着滴下的营养液，忍不住大声哭起来。那个瞬间，她想放弃。

男生端着一碗粥走进病房。他问橙橙，你为什么要这么辛苦地健身？

橙橙指一指自己的肚子：这不是很明显吗？

男生笑了。如果只是因为胖，那么我觉得，即使胖，女生也有自己独特的美。只要不影响健康，稍微胖一点并不值得你付出快乐的代价。他说，你知道我为什么去健身吗？

因为我生过一场大病，差点死掉。经历过这些，我才明白为什么健康是最大的幸福。我现在在合理的范围内做运动，是为了让身体运转正常，能够健康地支撑我一切享受生命的行动。如果要我为了多一块腹肌会显得更好看一点而付出并不快乐的代价，我一定会放弃。

他把那碗粥递给橙橙，他说，你有意志力，但你也要有健康的身体。

那碗粥，是橙橙自减肥以来，吃得没有负罪感的第一餐。

男生后来成了橙橙的男朋友，但橙橙并没有放弃健身。只是她的出发点，从让男神刮目相看，变成了让自己更加快乐和满足。她不是为了男神而勉强自己，她想变美丽，想成为最好的自己。

橙橙不再远离厨房，她又欢快地下厨给自己炮制起美食来，因为男朋友带橙橙去咨询了营养师，给她制定了一份健康的食谱。

只是因为角度的变化，心底的压力竟然一扫而空，自然而然产生的动力和朝气让运动和减重变成了快乐的一部分，改变也在一点一点地发生着。

她选择衣服不再只以宽松为原则，逐渐对搭配有了兴趣、想法和心得。在男朋友的鼓励下，她报了个人形象课程，学着化妆、了解什么是适合自己的色彩性格，努力修炼起个人气质和特质。

终于有一天，男神对着穿着得体，妆容自然的橙橙，感叹她成为了新的女神。

好像所有的努力和坚持中的艰辛，都应该在男神的肯定里得到回报，但那一刻，橙橙发现，她一点也不在意男神怎么看自己了，对她而言，这个人已经无足轻重，他的否定和肯定，都影响不了她的自尊和自信。她已经把男神远远地抛在了世界之外。

看着眉眼明朗笑容饱满的橙橙，我也觉得心花怒放。旁人理所当然拥有的东西，橙橙一天一天地努力了半年才终于得到，但其中所获得的成就感和满足感，也是旁人所不能体会的丰富和美好。

念叨了多少年却从来都半途而废的我的减肥之旅，我也打算重启。我也想成为更好的自己，想要自己的心灵变得更富足和强大。从这个角度出发，世界就会满是动力和希望。就像橙橙，一点一点地改变，一点一点地收获，经过时间的打磨，发出耀目的光，让裹足不前的人都忍不住羡慕。

橙橙说，我原本打算这个周末就约你们见面，顺便告诉你们，我和男朋友已经订婚了。

我大笑，豪迈地拍手：定场子的事情交给我，约人的事情交给我，你只要选好自己心仪的衣服，挽着男朋友闪亮出场就好。

被无形恶意伤到的人，曾经实实地疼过、痛过、哭过，愤怒到绝望过。

这之后，那些伤口，是成为三不五时就重新流血的软弱，还是最终愈合成你曾面对磨难，最终更坚强地拥有了再不被同样的恶意影响的人，大概源于有没有勇气和毅力，肯不肯坚持和努力。

　　逆袭从来不神奇，只要坚持着，哪怕艰辛也走下去，终有一天，你会变美丽，你会变强大，你一定能成为最好的自己。

　　生活总是让我们遍体鳞伤，但到后来，那些受伤的地方，一定会变成我们最强壮的地方。

忘记失恋的最好办法，就是开始另一段新恋情

别把等待看得太浪漫。等待是一件成本巨大的事情，消耗的每一分每一秒都是你不可再得的生命值。

西塘的雨，一下起来就像永生永世都不会再停止一样。

青石板铺就的巷弄里，被迎面而来的人撞了一下，林琪手里的伞落在地面。但她没有再理睬那把伞，随手推开了左首边的不知道是什么店的玻璃店门，毫不迟疑地走进去，在距离最近的空位置坐下来，径直趴在桌面上开始抽泣。

但只畅情哭泣了不到两分钟，就有人打断了她。

林琪抬起头，透过满是泪水的眼睛看过去，拍着她肩膀的

是个男生，站在桌子旁边，清瘦而高。

保持着这种居高临下的姿态，他对林琪说：姑娘，你要鬼哭狼嚎我们也劝不住，但是你可以换张偏僻点的桌子吗？别吓坏了有情人，影响我的营业额。

顺着他的视线看过去，林琪赫然发现对面坐着的是一对情侣，他们的手紧紧地握在一起，眼神却呈现出因为林琪的出现而感到的惊恐感觉。也难怪，对面忽然有个女生坐下来没有任何交代就开始大哭，换成是谁都会有点莫名其妙吧。

但是林琪才懒得管。她仰着头，瞪那个叫她换位置的男生：给我杯伏特加。

男生微微俯下身，问她：红梅汁？青柠汁？苏打水？汤力水？或者只加冰？

喝个酒还这么多麻烦，林琪不耐烦地摆摆手：只加冰。

反正她的目的，不在酒味，只在喝醉。

从没喝过酒的林琪一口气就喝下了一整杯伏特加。然后她站起来，摇摇晃晃地走出了店，蹲在小河边，吐得天昏地暗。

一个男生的声音传到林琪耳朵里：你没事吧？

大概是酒吧街上那块"艳遇其实只有一桌之遥"的木质牌给人以这里随时都有艳遇的暗示。可是林琪不想要艳遇，所以她对那个人说了个字正腔圆的，滚。

一只手越过了林琪的肩头，递过来一张纸巾。林琪侧过了头，看见的是那个给她酒的男生。

他对林琪说：把脸擦擦。女孩子，任何时候都不要把自己弄得太狼狈。

陆明朗把林琪带回了咖啡店里，还给她弄了杯温暖的焦糖玛奇朵。

陆明朗说：姑娘，喝了这杯咖啡，就好好照顾自己吧。孤身上路的人，总有一段心事和辛酸。但，活于世间的人，谁又没有一段心事和辛酸呢？

失恋又不是什么穷途末路的大事。等你痛过一两次五六次的，你就会发现，自尊比爱情还是重要一些的。

林琪醒来时，天又黑了。

即使天寒，雨如丝，游人却仍然如织，而且大部分都是情侣，笑容舒展，表情甜蜜，手牵得紧紧的，像是世界上没有其他人一般。

绵密的针一般的细雨并不影响女生们放河灯的心情。河边的灯火绚烂，繁华盛世，繁花似锦，像是一切都花好月圆，世间无忧。

天下熙熙，皆为情来；天下攘攘，皆为情往。

林琪也买了一盏莲花形状的河灯。卖河灯的小贩帮她点燃了小蜡烛，又问她，要不要写下心愿？

林琪点点头，在那张浅绿色的纸上一笔一画认真地写，程翊，你快点来给我一个答案。

折好祈愿的纸，放进河灯里，再把河灯小心翼翼地放进水里，看它一晃一晃地带着小小的、希望的光晕逐渐远离，和星星点点的其他河灯混在一起，再也分辨不出来。

有人在她身边和她并肩蹲下，居然是陆明朗。林琪看看时间，晚上八点，正是咖啡店的黄金时间。

陆明朗耸耸肩：我今天就觉得不想开店，想漫步河边，赚钱哪有悠闲地享受人生重要。同理，爱情也没有人生重要。我总担心你会一时冲动就投水。

林琪说，我就算想跳河，也得先把你踹下去。

他像是真的相信一般后移了一点：我是好心劝你，别离水那么近。要知道千百年来有多少痴心女子曾经临河落泪，有多少一时冲动就投水了。你现在可是浑身充满黑色的怨念，万一怨念共鸣，那你就小心有魂魄拉替身了哈。

行了行了，别说相声了，我只放个河灯许个愿而已。林琪不耐烦。

陆明朗没说话，只是伸出手指了指正前方的水面。

顺着他的指示看过去，一只小小的木船上一个穿着蓑衣的老船工正拿着长长的打捞垃圾用的筛网，在河面上一把一把地捞着什么。

什么啊？林琪不解。

你们这些痴心女子放的河灯呗。陆明朗说，看到没，这就是虔诚愿望的最终归宿。

林琪不得不承认，这可真像某些明珠暗投的爱情。

爱情不是考试，不是赛跑，就算尽了力也没有用。可是，想要解脱，哪有说起来的那么容易。

所以她一直等，等程翊回来，等她应该得到的一点尊重和一个交代。

曾是寂寥金烬暗，断无消息石榴红。林琪等来等去，终究还是自己的独角戏。

林琪认识程翊那天，也下着雨。

淋漓的雨让没有带伞的林琪手足无措，站在校门前的公交车站里发愁，这个时候，程翊拍了她的肩膀：你是哪个系的？我送你吧。

他撑着深蓝格子的伞，走在林琪的左边，伞一直向她倾斜，走了一公里。

当林琪问他名字的时候，他对她说，我是程翊，你是丫头。

仿佛他们已经认识了一辈子。

后来林琪问他，为什么自己被他叫作丫头呢？

看到你摇头晃脑的样子，就觉得你应该叫作丫头啊。程翊把右手伸到林琪面前：丫头，你握住我的手，我们就可以恋爱啦。

那个瞬间的他，是那样纯真温柔，所以林琪的心里，桃花玫瑰，都盛开了。

后来，程翊的QQ签名一直是"程翊永远只爱丫头"，可是，古人多么有智慧和远见呢。他们说过的，乐极生悲，原来都是真的。

程翊比林琪高两届，林琪大二的结尾，程翊也临近了领毕业证的时间。在图书馆陪林琪看书时，程翊接了一个电话。他像触电一样从电脑前跳起来，跑到图书馆的阳台上和电话那边的人对话，留下一个打开了的QQ对话框，和茫然的林琪。

那个对话框里的字，把林琪的心给刺穿了。

——丫头，你回来吧，你不要我了吗?

林琪忍不住点开了那个QQ的聊天记录，然后发现，这句话，程翊每天都发给同一个QQ。从三年前开始，从林琪还没有遇见程翊开始。连他向她伸出手，连他说"我们恋爱啦"的那天，也不遗漏。

程翊就在接完电话后回到笔记本前，订了到西塘的车票。

他没有和林琪说为什么要去西塘，他也没有说他什么时候离开、什么时候回来，他甚至没有在乎林琪肿起的眼睛。

电影剧集小说里的出走，大半是幸福的引子。现实里的出走，常常就是走了，也就走了。

毫无预兆的，程翊就在林琪的世界里消失了。他的毕业证是他同寝室的同学替他代领的，任凭林琪怎么问，他同学也不肯透露他的去向。

所以她也没有机会问：程翊，如果你打算不回来，那么你是不是应该，好好地跟我说一声再见呢？

程翊没有干脆利落地履行分手的仪式，明明应该是句号的地方，偏偏画上个逗号，所以即使知道这段关系里是彻底地输了，林琪还是没法干脆利落地忘掉。

她放下尊严，放下个性，放下骄傲，都因为放不下程翊。

那之后，时间并没有改变什么，一年半过去，程翊依然消失无踪，林琪依然独自困守。

也许，你们都误会了。他误会了打发寂寞缓和心痛的方式，你误会了爱情。陆明朗认真地对林琪说，但既然知道问题在哪，就很好解决，你要做的只是让自己和这段关系告别。

别把等待看得太浪漫。等待是一件成本巨大的事情，消耗的每一分每一秒都是你不可再得的生命值。如果按照一百年算，少幼时期十六年，女性平均四十五岁开始更年期，你的好时光并不多，你还打算消沉多久？已经失去的再缅怀也没有用，真的不要虚耗光阴，想办法解脱才是正经事。

林琪愣住了。她从来没有想过要从这个角度来分析问题。

陆明朗说，有没有人告诉过你，新的爱情可以改变旧的留恋？句号在哪里画下，是由你自己决定的。认输离场，另起炉灶，没有那么难。你要不要留下来，感受一下做这家温馨的咖啡店的老板娘的滋味？

哈？林琪瞪大了眼睛看着他：我们才认识多久？

没道理，感情都没道理，都不过是瞬间天雷勾动地火，忽然就对上了眼。陆明朗说，反正我觉得你挺可爱，和你斗嘴也挺开心，我们气场蛮合的，你考虑一下又不吃亏。

与只认识一小时的人在一起，和与认识十年的人在一起相比，感情的发生其实没有什么不同，会爱上某一个人，都不过是在一瞬间。

所有的感情都是后来居上，会结束的感情都是不及格，而开始一段合格的优质的爱情，就会忘记爱情里曾经遭遇的痛苦和卑微。

林琪打开了手机微博。

她只关注程翊。一旦打开微博，看到的都是程翊的动态。

从他离开林琪的那天起，他的微博就停止了，可是这一刻，林琪打开微博，发现他发了新的内容。

他PO出了两张去墨尔本的机票，以及一双紧握着的，戴着婚戒的手。他写的还是那句话，程翊永远只爱丫头。

机票上的时间，是林琪在陆明朗的店里痛哭的当晚。

林琪爱上的并不是一个冷血的人，只是，他的所有爱情和热情，都只给了一个人。丫头是他的骨髓。而林琪不过是他随手摘下的一朵花。

那么，就承认过去都已经过去了吧。一直纠结于一段已经枯萎的感情，是不会有未来的。

林琪的视线离开微博界面，落到了陆明朗身上。他对她眨眨眼，给她一个带着几分轻佻却又有着几分温暖感的笑容。

林琪抬起手指，给程翊的微博，点了一个赞。

然后，她一条一条地删除了以往和程翊有关的所有微博，继而双向解除了她和程翊之间的互相关注的关系。

以往，她能放下尊严，放下个性，放下骄傲，都因为放不下程翊。可是放弃，原来不过是一瞬间的事。

西塘哪里有店家能定时代寄明信片的地方？林琪问陆明朗。

猫的天空之城可以。陆明朗说。我陪你去？

林琪点点头。

猫的天空之城里，有长长的被分成很多小格子的明信片陈列柜，林琪抽出了一张小王子的明信片。

她在后面写了四个简单的字——往事，借过。然后拿出手机，拍了照，上传到微博。

微博发送成功，她举着手机对着陆明朗大声嚷起来：快点，给我的第一篇微博点赞！

然后林琪又问陆明朗：陆老板，你家店的具体地址和邮编是什么？我想实验看看，五年后，我是不是这家店的老板娘。

陆明朗用力拍了拍她的头，接着开始在她头顶上一下一下不断地轻按。

他带着柔软的笑意，说，林琪，我会给你，点一百万个赞。

有人特意去异乡找艳遇却失望而归，有人特意去异乡找旧爱却寻到新欢。缘分就是这么奇妙，也许这趟旅程，不是为了遗忘，而是为了开始。人生和爱情好玩的地方，就在于永远有无限可能，转个弯，又是新世界。

有勇气的人，会用祝福和感激，勇敢面对失去。

试一试总是好的。即使受伤，也远胜过不尝试，人本来就是一直在犯错中寻找正确的答案。就算人生必定会让人受伤失望，但那些疼痛，总会成就坚强。成为伤口的过往，一定也有着幸福的形状。

他一定会来，你一定要等

婚姻和爱情是两个维度的事情，但我会一直等待
能将它们连接的人。我相信，有生之年，终能遇见。

新春佳节哪能躲得开亲戚的逼婚、长辈们互相之间推荐子
女亲戚相亲呢。适龄、大龄甚至高龄的单身青年过年期间免不
了要心塞几次。

在这种大环境下，林寻发了朋友圈。

20:38——为了结婚而结婚，是对自己、对方，和人生的
放弃。

21:45——婚姻和爱情是两个维度的事情，但我会一直等

待能将它们连接的人。我相信，有生之年，终能遇见。

22:03——我打算转行了，去写书。或者段子手也行啊。

我默默地退出朋友圈，跟我男人说，林寻还在相亲的这条路上坚持着。

我男人说，那有什么不好？她是一个有自我的姑娘，她不会为了结婚而结婚，不会屈就于现实的压力，相亲不过是多一条遇见合适的人的途径，林寻的这条路比别人是长了点，但她的终点，一定比那些看条件不看感觉的姑娘更完美。

也是，林寻是个活得明白的人，她一早就认清了幸福只是自己的事情，她并不抗拒婚姻，只是没有遇到让她愿意踏入婚姻的人。

倒是林寻家的七大姑八大姨一直觉得疑惑，林寻长得好看，性格也开朗，在职场也是一妥妥的精英，这么优秀的姑娘，怎么就找不到条件匹配的对象呢？

林寻却不是按照条件寻觅对象，她努力变得更好更优秀，不是为了加重筹码去增加选择的范围找到一个条件更好的人，而是让自己不需要去攀附别人。

无关条件，只关感情，林寻抱着"寻找真爱"的目的，在相亲活动里穿梭，将这一原则坚持到底，但屡战屡败。

林寻并不是没有恋爱过。和高中时认识的男朋友恋爱了七年，她为了他放弃了去美国的工作机会，一门心思地做贤妻状往白头偕老的方向前进。结果，在他们约定去登记的情人节的前一个月，林寻知道了男友出轨的事实。

酒店已经订好，婚纱照也已拍完，新房只差装空调了，喜帖都派出去了，林寻却毅然决然地选择了分手，自己一张一张收回了喜帖，和准先生说再见了。

经历过这些，被一个长久以来信赖的人欺骗，而林寻依然相信爱情，并且愿意为此付出努力和真诚，这其实是一件值得庆幸的事情。

可是相亲……我总觉得并不是通向真爱的最佳途径。

林寻也不是没有和相亲对象试着交往过。

有一个在政府机关工作的男孩子，有很阳光的笑容，待人接物彬彬有礼，聪明上进，在单位有着很好的口碑，学历也很好，前途无量的样子。

林寻没有爱上他，但是当时，林寻的妈妈说，相处过才有感情的人太多了，你总是见两面就拒掉，怎么可能发展出感情呢？

林寻并不反感他，而他对林寻也很上心，于是她想，试试看好了，也许凡事真的需要过程呢。

他们成为每个外人眼里都合适的一对，外貌合，工作合，爱好兴趣合，脾气性格也合。

但林寻没有爱上他，甚至因为勉强交往，连最开始对他的一点好感都损耗掉了。

最终林寻选择了结束这段关系。因为她不爱他。

爱情不是婚姻里唯一的要素，但如若没有爱情，婚姻又能走多远呢？

她一直对那个男生心怀愧疚，她耽误了他的时间，也浪费了他的感情。从那之后，林寻再也不勉强不迁就，她说，就再等等好了。等世界变得稍许温柔，或者，等我变得足够坚强。

We begin again. We never give up.（我们再次开始，我们永不放弃）

于是我非常不合时宜地跟着林寻去相了一次亲。

这次的地点金碧辉煌，超五星的酒店咖啡座有小提琴表演，还有室内喷泉几分钟就哗啦一次。

AA吗？我问。

林寻点点头。

我扯开背包拿出钱包，点算了一下里面到底有几张钞票。林寻说，看你那小气样，我请你。

那就好。我收起东西。干吗约在这么不接地气的地方，麦当劳不是很不错吗。

林寻横我一眼：我会告诉你我这半年相亲的成本已经可以

买一部iPhone 6 plus，还是128G的版本吗？

再集满1个iPhone 6 plus是不是就可以召唤神龙了？

能召唤出对象就行。林寻乐了。乐到一半又收住了笑容，站起来对远处招招手。

我也正襟危坐起来。

一个白衬衫男子坐下来，毫不掩饰地打量起我和林寻。那目光真叫人不爽。

我没好气地白了他一眼，把椅子往后挪了挪。

白衬衫话语婉转，但是中心思想直接：你会做饭吗？你家里给你准备了50%的首付吗？你明年可以生孩子吗？你父母会成为累赘吗……

林寻倒是好脾气地一一应对着，我实在懒得听了，堵他一句"嫁给你防辐射吗？"然后翻出手机开始玩"天天爱消除"。

白衬衫被我噎住了，他站起来，留下一句再联络，走了。

我放下手机：他真的会再联络吗？

我觉得不会啊。林寻笑了。反正我也不想和他再联络。

我抬眼看着白衬衫消失，忽然虎躯一震：这家伙没付账啊！一百多块一杯的咖啡啊！这什么人啊！

上次也是约在这里的那位更夸张，临走的时候还找我报销了来回车费。林寻说。

哈？那你给了？

给了。

然后呢？

然后，就没有然后了。

林寻叹气的同时，我们身后的座位忽然响起一个男生的声音：然后你明明还附赠了一句——祝你平安。

我们霍然回头，是个也穿着白衬衫的男生，算得上眉清目秀，捧着个iPad正看新闻呢。

我说，喂，你怎么偷听啊？

我恰好听见而已。二号白衬衫一脸坦然，你们的声音自己跑到我耳朵里的。

我看向林寻：你们认识？

林寻摇摇头。

那，要不你们发展一下？我又说。

太饥渴了吧？林寻又摇头。难道路边遇到个男的就扑上去发展？

也是。我说，都不知道他的兴趣爱好婚否，也不知道他是不是心理变态个性扭曲情商缺乏智商下线。不过可以接触下啊，大不了损失一杯咖啡一些时间最多加一点车费，你就当一场新的相亲呗。

别闹。林寻摇头。相亲是件很严肃的事情，只是有些人，太不严肃了。

那是。我振臂。We are all in the gutter, but some of us are looking at the stars.（我们身处于阴沟中，但仍有人仰望星空）

白衬衫二号终于做作地咳嗽了两声。他略带无奈地说，两位，我还活着，我听着呢。

你可别去相亲，性价比特低。我跟我男人说。

我有媳妇了。我男人说。不过媳妇，你要更新一下对相亲市场的既定印象了，别全面否定相亲的人，也是有硬通货在相亲市场里存在的。我们公司就可多相貌端三观正收入高人靠谱的男生去相亲，毕竟工作和生活里认识朋友的圈子有限，多个途径总能增加机会。而且你看，还是有林寻这样满怀着真诚的姑娘在给相亲提升价值。他说着说着就high起来了，拍我大腿说，要不我给林寻介绍一个？

算了吧，你那群狐朋狗友，跟你差不多的level，别埋汰我们林寻了。我拒绝。

男人怒发冲冠：你侮辱我？过了一会儿他又自言自语：算了，是我送上门来求着你侮辱的，你就可劲儿侮辱我吧，别去祸害别人了。

我大笑。继而想到林寻曾经说，我就想有个能如你和你男人一般相处的人，在他面前，我不用矫揉造作，不用小心翼翼，不用彼此相敬如宾，也不用下半辈子粉饰太平。

这其实是个特别朴实特别诚恳的希望，不是吗？

我发消息给林寻，说，要不我让我男人给你介绍一个优质的吧？

林寻回复说，好啊，但是我要去支教了。

她向公司拿了三个月的无薪假期，要去深山里给孩子们上三个月的英语课。

你看，这样的好妹子都没有好姻缘，你们男人真是活该找不到好老婆。我对我男人吼。

关我什么事？男人委屈无限了几秒，又抖起来：反正我已经找到好老婆了，我才不管别人死活呢。

可是，我得管林寻，她这么一个懂得爱，懂得生活的姑娘，怎么会没有人爱呢？我希望如她一般的好姑娘都幸福地，光芒万丈地活着。

就算这只是一厢情愿的成年人的童话。

林寻回来的时候，发给我的微信消息里有一张她黑了也瘦了的照片，还有一个邀请——让我带着我男人去审核她男朋友。

我立刻精神抖擞起来，二话不说就拉着我男人奔赴那一杯咖啡顶我全月公交费的圣地而去。

小提琴表演热火朝天的咖啡座里，林寻正和一个男生相谈甚欢。

我男人说，看来这回真的找到正主了。

何以见得？

她的表情就是这个意思。我男人笃定地说，因为你看着我的时候也是这表情，痴迷而崇拜。

我翻了个白眼，坐到了林寻对面，毫不客气地上下打量起她那真命天子。

嗯，长得不错，眉清目秀，笑容也没有猥琐的感觉，白衬衫也干净挺括——等等，白衬衫？

我瞪大眼睛：是你？

白衬衫特别优雅地点点头：是我。

哈？你们真的勾搭上了？我岂不是媒婆？你们结婚得给我包个硕大的红包谢媒啊！

哪有那么简单就勾搭上的。白衬衫说。不过，这真的就是缘分了。

白衬衫是家中独子，爷爷奶奶外公外婆爹妈姨姑都催着他赶紧加入浩荡的相亲队伍里，成为骨干力量，再找个合适的对象成家生孩子以稳定军心。只是白衬衫一直不同意这种简单粗暴待价而沽的方式。

他亲戚给了他一个联系电话，他压根没打算见面，但是为了给亲戚一个交代，还是打了电话向对方说明自己并不打算相亲，请对方原谅。

接电话的正是林寻，她已经去支教了，深山里信号也不大好，费老劲儿才听明白了男生的意思，她爽快地说了声好，说你也别对相亲有心理阴影，有合适的对象还是去见见，多交个朋友也没问题。然后她说，其实相亲是件很严肃的事情，只是有些人太不严肃了。

白衬衫忽然问：你是那个给人报销相亲的车费还说"祝你平安"的姑娘吗？

于是就勾搭上了？我啧啧，这效率。才三个月时间呢。

白衬衫说，时间的长短没有意义，两个人的频率对没对上，才是关键。

第一个月，男生偶尔打个电话给林寻吐槽一下家里逼婚的压力，林寻也请男生帮忙搜寻和寄出她给孩子们添置的棉被啊课外书啊英语卡片啊各色物品。

第二个月，男生在寄出物品的同时把自己也寄到了林寻支教的地方，和她一起给孩子们上起了课。

第三个月，白衬衫说，林寻，你和我相亲吧，我们严肃地、诚恳地去面对以后。

然后，林寻就再也不用去相亲了。

好吧，相亲果然是件很严肃的事情，只要你能遇到那个和你一样认真的人。

就像爱情，也是件很严肃的事情，只要你终于找到那个，愿意和你一样认真对待的人。

只有这样，你才能从爱情里，从婚姻里，得到应该有的欢愉和踏实。

不管是通过什么途径，不管时间流逝到哪个刻度，只要能够遇见一个会给你温暖、明媚、柔软、自在、诚恳、真心的人，你们愿意彼此相伴，一起向同一个方向发力，彼此支持彼此温暖，那就一定值得用所有的时间、所有的真诚、所有的运气，去交换。

有生之年，终能遇见。

因为，We begin again. We never give up.（我们重新开始，我们永不放弃）